CHOUSHUI XUNENG DIANZHAN TONGYONG SHEBEI

抽水蓄能电站通用设备

金属结构分册

国网新源控股有限公司　组编

为进一步提升抽水蓄能电站标准化建设水平，深入总结工程建设管理经验，提高工程建设质量和管理效益，国网新源控股有限公司组织有关研究机构、设计单位和专家，在充分调研、精心设计、反复论证的基础上，编制完成了《抽水蓄能电站通用设备》系列丛书，本丛书共7个分册。

本书为《金属结构分册》，主要内容共分为8章，包括概述、设计依据、上水库进/出水口系统、下水库进/出水口系统、尾水闸门室系统、水库泄洪系统、桥式起重机和压力钢管与钢岔管。

本丛书适合抽水蓄能电站设计、建设、运维等有关技术人员阅读使用，其他相关人员可供参考。

图书在版编目（CIP）数据

抽水蓄能电站通用设备. 金属结构分册 / 国网新源控股有限公司组编. —北京：中国电力出版社，2020.7

ISBN 978-7-5198-4090-7

Ⅰ. ①抽… Ⅱ. ①国… Ⅲ. ①抽水蓄能水电站－通用设备－金属结构－结构设计 Ⅳ. ①TV743

中国版本图书馆CIP数据核字（2019）第285792号

出版发行：中国电力出版社
地　　址：北京市东城区北京站西街19号
邮政编码：100005
网　　址：http://www.cepp.sgcc.com.cn
责任编辑：孙建英（010-63412369）　孟花林
责任校对：黄　蓓　马　宁
装帧设计：赵姗姗
责任印制：吴　迪

印　　刷：三河市百盛印装有限公司
版　　次：2020年7月第一版
印　　次：2020年7月北京第一次印刷
开　　本：787毫米×1092毫米　横16开本
印　　张：2.75
字　　数：81千字
印　　数：0001—1000册
定　　价：22.00元

编　委　会

前　　言

抽水蓄能电站运行灵活、反应快速，是电力系统中具有调峰、填谷、调频、调相、备用和黑启动等多种功能的特殊电源，是目前最具经济性的大规模储能设施。随着我国经济社会的发展，电力系统规模不断扩大，用电负荷和峰谷差持续加大，电力用户对供电质量要求不断提高，随机性、间歇性新能源大规模开发，对抽水蓄能电站发展提出了更高要求。2014 年国家发展改革委下发“关于促进抽水蓄能电站健康有序发展有关问题的意见”，确定“到 2025 年，全国抽水蓄能电站总装机容量达到约 1 亿 kW，占全国电力总装机的比重达到 4%左右”的发展目标。

抽水蓄能电站建设规模持续扩大，大力研究和推广抽水蓄能电站标准化设计，是适应抽水蓄能电站快速发展的客观需要。国网新源控股有限公司作为全球最大的调峰调频专业运营公司，承担着保障电网安全、稳定、经济、清洁运行的基本使命，经过多年的工程建设实践，积累了丰富的抽水蓄能电站建设管理经验。为进一步提升抽水蓄能电站标准化建设水平，深入总结工程建设管理经验，提高工程建设质量和管理效益，国网新源控股有限公司组织有关研究机构、设计单位和专家，在充分调研、精心设计、反复论证的基础上，编制完成了《抽水蓄能电站通用设备》系列丛书，包括水力机械、电气、金属结构、控制保护与通信、供暖通风、消防及电缆选型七个分册。

本通用设备坚持“安全可靠、技术先进、保护环境、投资合理、标准统一、运行高效”的设计原则，采用模块化设计手段，追求统一性与可靠性、先进性、经济性、适应性和灵活性的协调统一。该书凝聚了抽水蓄能行业诸多专家和广大工程技术人员的心血和智慧，是公司推行抽水蓄能电站标准化建设的又一重要成果。希望本丛书的出版和应用，能有力促进和提升我国抽水蓄能电站建设发展，为保障电力供应、服务经济社会发展做出积极的贡献。

由于编者水平有限，不妥之处在所难免，敬请读者批评指正。

编者

2019 年 12 月

目　　录

第1章 概　述

1.1 主要内容

抽水蓄能电站通用设备标准化是国家电网公司标准化建设成果的有机组成部分，通过开展通用设备设计工作，规范抽水蓄能电站设备配置，提高设备选型设计及配置标准，结合电站设备运行环境及运行方式特点，开展抽水蓄能电站设备差异化分析，吸取已投运抽水蓄能电站机电设备运行经验，提出设备差异化指标需求。

本次通用设备设计工作通过对已建或在建蓄能电站设备选型配置情况、已投运设备运行状况、典型设备缺陷及事故分析等资料进行收集整理，合理确定抽水蓄能电站设备通用技术规范，编制本分册。

本分册主要内容包括：上水库进/出水口系统、下水库进/出水口系统、尾水闸门室系统、水库泄洪系统、桥式起重机、压力钢管与钢岔管等。

1.2 编制原则

遵循国家电网公司通用设计的原则：安全可靠、环保节约、技术先进、标准统一、提高效率、合理造价；努力做到可靠性、统一性、适用性、经济性、先进性和灵活性的协调统一。针对大型抽水蓄能电站工程进/出水口不同结构型式、装机台数、输水系统不同供水方式进行通用设备设计编制。

（1）可靠性。确保进/出水口金属结构及电控设备安全可靠，确保工程投入运行后电站安全稳定运行。

（2）统一性。建设标准统一，基建和生产运行的标准统一，进/出水口布置格局满足抽水蓄能电站工程金属结构及电控设备布置要求并体现国家电网公司企业文化特征。

（3）适用性。综合考虑抽水蓄能电站工程进/出水口具有双向水流、水力条件复杂以及受地形与气候条件影响大的特点，结合全国已建、在建大型抽水蓄能电站工程建设经验以及抽水蓄能电站开发趋势，选定的典型方案在国内不同地形条件、不同装机规模（机组台数）、不同供水方式、南北不同气候特点与建筑风格的抽水蓄能电站工程建设中具有广泛的适用性。

（4）经济性。按照全寿命周期设计理念与方法，在确保高可靠性的前提下，进行技术经济综合分析，实现电站工程全寿命周期内进/出水口布置功能匹配、寿命协调和费用平衡。

（5）先进性。提高原始创新、集成创新和引进消化吸收再创新能力，坚持技术进步，推广应用新技术。把握工业智能化技术发展趋势，要求设备能够提供数字化接口及标准化数据模型，就近提供智能服务，使得设备本身具备数据采集、分析计算、诊断与通信功能，满足数字化智能型电站实时在线业务、数据优化以及应用智能等方面的关键需求。

（6）灵活性。可灵活运用于国内相应适用条件下的大型新建抽水蓄能电站工程。

1.3 工作组织

为了加强组织协调工作，成立了《抽水蓄能电站通用设备　金属结构分册》设计工作组、编制组和专家组，分别开展相关工作。

工作组以国家电网公司基建部为组长单位，国网新源公司为副组长单位；中国电建集团北京勘测设计研究院有限公司、中国电建集团华东勘测设计研究院有限公司、中国电建集团中南勘测设计研究院有限公司为成员单位，主要负责通用设备总体工作方案策划、组织、指导和协调通用设计研究编制工作。

第2章 设　计　依　据

2.1 设计依据性文件

现行相关国家标准、规程、规范，电力行业标准和国家政策。

本通用设备设计遵守的规程、规范、规定及有关技术文件为最新颁布的标准及最新的《中华人民共和国　工程建设标准强制性条文　电力工程部分》。

2.2 主要设计标准与规程规范

GB/T 1591　低合金高强度结构钢；
GB/T 3811　起重机设计规范；
GB/T 5313　厚度方向性能钢板；
GB/T 10051.1～GB/T 10051.5　起重吊钩；
GB/T 13534　颜色标志的代码；
GB/T 14405　通用桥式起重机；
GB/T 25295　电气设备安全设计导则；
GB/T 50054　低压配电设计规范；
GB/T 50055　通用用电设备配电设计规范；
GN/T 50256　电气装置安装工程　起重机电气装置施工及验收规范；
NB/T 10072　抽水蓄能电站设计规范；
NB/T 35020　水电水利工程液压启闭机设计规范；
NB/T 35045　水电工程钢闸门制造安装及验收规范；
NB/T 35051　水电工程启闭机制造安装及验收规范；
NB 35055　水电工程钢闸门设计规范；
NB/T 35056　水电站压力钢管设计规范；
DL/T 5044　电力工程直流电源系统设计技术规程；
DL/T 5065　水力发电厂计算机监控系统设计规范；
DL/T 5358　水电水利工程金属结构设备防腐蚀技术规程；
SL/T 241　水利水电建设用起重机技术条件；

第3章　上水库进/出水口系统

上水库进/出水口金属结构设备主要包括上水库进/出水口拦污栅、上水库进/出水口事故闸门、上水库进/出水口事故闸门启闭机。

3.1 系统设计原则

3.1.1 上水库进/出水口拦污栅设计原则

设置拦污栅的进/出水口建筑物应具有良好的水力学特性，必要时应通过水力学模型试验进行优化，达到进/出水水流平顺、均匀。一般情况下，通过拦污栅断面的平均出水流速不宜大于1.2m/s，拦污栅的结构应进行静力核算和动力核算。

当上水库存在低水位或放空时段，且该时段满足拦污栅维修要求时，拦污栅宜采用固定式或活动式，可不配置专用的永久启闭设备。否则，拦污栅应采用活动式，并结合水工建筑物的布置，通过技术经济比较后合理的配置专用的永久启闭设备。

3.1.2 上水库进/出水口事故闸门及启闭设备的设计原则

一般应在上水库进/出水口与每条引水道衔接的水平段适当位置设置一道事故闸门。当高压管道和厂房对该闸门有快速闭门要求时，应结合水工建筑物的布置，在该处设置一道快速闸门。

闸门应能进行现地启、闭操作和远方自动闭门操作。现地和远方均应设置可靠的闸门位置显示装置。闸门的启闭设备应设置各种闸门位置控制开关，闸门电控系统与机组的电控系统之间应进行安全闭锁。

当闸门悬挂在闸门井顶部时，应使闸门的底缘高于上水库最高运行水位，闸门下部的正向、反向和侧向支承均应位于门槽内。当闸门处于闸门井井水中时，必须论证机组甩负荷时产生的涌波对闸门的影响。闸门（启闭设备）应设置可靠的并能满足远方自动闭门操作要求的锁定（制动）装置。

闸门的充水平压装置必须安全、可靠、操作灵活，其充水量应满足不同时期的充水时间要求。

3.1.3 防冰冻原则

为保证位于严寒地区的抽水蓄能电站冬季正常运行，对于上水库进/出水口拦污栅、闸门及启闭机等设备，除了应结合当地环境条件按照规定选择有关零部件的材质外，还应根据设备的工作条件、在水工建筑物中的位置及冬季运行工况等具体情况，采取必要的防冰冻和保温措施。

1. 上水库进/出水口拦污栅

国内严寒地区已建水电站多年运行情况表明，当拦污栅在最低运行水位以下2～3m时，一般不会被冰凌、冰块堵塞。抽水蓄能电站上水库进出水口拦污栅防冰冻设计宜从布置上考虑，将拦污栅布置于最低运行水位以下2m，一般不再考虑其他防冰冻措施。

2. 上水库进/出水口闸门及启闭机

抽水蓄能电站的上水库进/出水口一般布置在山体内或水库水位以下，在地温与水温的自调节作用下，结冰的概率较低。在寒冷地区，为防止闸门井水面结冰，闸门井顶部以上排架宜采用封闭结构，必要时可采用封闭结构内取暖保温、空气压缩吹泡法、门槽加热等防冰冻措施，保证闸门正常运行。

3.2 设备型式及运行要求

3.2.1 拦污栅

抽水蓄能电站拦污栅为垂直、平面、活动式，或者固定式。由于承受双向水流，尤其是抽水工况时出流的流态较差，易引起振动，故拦污栅设计时采用了较高的设计水位差，取为5～7m。

拦污栅梁格的双向迎水面宜采用近似流线型，栅条横断面宜采用方形，栅条的宽厚比应大于7，栅条之间、栅条与主横梁之间均采用焊接连接。

为抑制拦污栅的振动，利用楔形滑块和单边V形的楔形栅槽配合将拦污栅卡紧在埋件上；也可通过压缩支承滑块下的橡胶垫块，使拦污栅撑紧在栅槽内。

由于上水库一般为人工湖，无流域来水，污物很少，即使有少量的污物，由于正反双向水流的反复作用，污物一般不会长期滞留在栅叶上，因此拦污栅清污、检修的概率很小，宜在拦污栅及扩散段顶部死水位以上形成检修平台。在水库水位降至死水位以下时，采用临时起吊设备，起吊拦污栅至检修平台上进行清污和维护，临时起吊设备可通过连接检修平台将拦污栅送至坝顶的拦污栅搬运轨道或通往检修平台的公路将拦污栅运至检修平台上。

3.2.2 事故闸门及其启闭机

在每条引水隧洞闸门井段的闸门井内每孔布置1扇事故闸门，该闸门能在主进水阀或高压管道等出现事故时动水闭门，切断水流，防止事故扩大。当主进水阀或管道等需要检修时，该闸门也可在静水中闭门。

闸门门型为潜孔式平面滑动闸门，梁系采用实腹式同层布置，面板布置在上水库侧，顶、侧水封布置在厂房侧，底水封布置在上水库侧，利用水柱动水闭门。闸门主支承钢基铜塑复合滑道或铜基镶嵌复合滑道、反向弹性滑块（头部镶嵌低摩复合材料）、侧向简支轮。

闸门操作条件为动水闭门，通过门顶压盖式充水阀充水平压后静水启门，平时由启闭机常闭式制动器悬挂在孔口上方，或通过能远控的锁定装置将闸门锁定，闸门部分进入门槽，其底缘在校核洪水位以上。若采用锁定装置，当闸门需要关闭时，锁定装置退出锁定状态，再操作闸门下落。闸门及锁定装置可现地启闭操作，也可远方自动闭门操作。

闸门启闭机型式为固定卷扬式启闭机。采用一门一机布置型式，为确保安全，每台启闭机均设两套制动器，一套工作制动器，一套安全制动器。启闭机可实现闸门现地启闭操作和中控室远程闭门操作。启闭机布置在排架顶部平台的机房中，在每个启闭机房设有1台移动式检修吊，用于固定卷扬式启闭机的检修和维护。

3.3 设备配置及主要技术要求

3.3.1 上水库进/出水口拦污栅

上水库进/出水口拦污栅设备配置及主要技术要求详见表3-1。

表3-1 上水库进/出水口拦污栅设备配置及主要技术要求

序号	名称	结构型式或性能指标	主要技术要求	其他
1	拦污栅	平面、活动、垂直升降式		
2	抗振型式	通过楔形滑块与楔形栅槽配合将拦污栅卡紧在埋件上的方式来抑制拦污栅的振动，或通过预压缩主支承下的橡胶垫块，使拦污栅与栅槽处于撑紧状态，抑制拦污栅的振动两种		
3	拦污栅栅体材料	结构件主材一般选用Q355B钢板和Q235B型钢，对高寒地区，其主材料应提高性能，以满足特殊气候需要	栅条及栅体结构需考虑1～2mm锈蚀厚度	

续表

序号	名称	结构型式或性能指标	主要技术要求	其他
4	支承滑块	采用楔形滑块与楔形栅槽配合的拦污栅，其支承滑块为工程塑料复合滑块	工程塑料复合滑块技术性能要求：抗压强度：≥35MPa、吸水率：≤0.03%、线胀系数：(8～9.1)×10^{-5} 1/℃、摩擦系数：0.04～0.05(水中)、使用温度：−40～+90℃	弹性模量应满足设计图纸要求
		采用预压缩主支承下的橡胶垫块的拦污栅，其支承滑块为高强度复合滑块	高强度复合滑块技术性能要求：抗压强度：≥120MPa、吸水率：≤0.7%、线胀系数：(7～8.5)×10^{-5} 1/℃、摩擦系数：0.04～0.06(水中)、使用温度：−40～+110℃	
5	拦污栅螺栓、螺母	滑块螺栓、螺母均采用不锈钢，性能等级：A_2-70		
6	拦污栅栅体制造的允许偏差	检验状态	无强制性约束	
		栅体宽度和高度偏差	栅体宽度偏差：±6.0mm； 单节栅体高度偏差：±3.0mm	
		栅体厚度偏差	±4.0mm	
		栅体对角线相对差和扭曲	相对差：≤4.0mm； 扭曲：≤3.0mm	
		栅条间距偏差	±5.0mm	
		吊耳孔中心线距离偏差	±2.0mm	
		两吊耳同轴度偏差	≤1.5mm	
		滑块工作面平面度	单节滑块工作面平面度：≤1.0mm	
		两边梁端面承压板的平面度	≤2.0mm	两边梁端面承压板采用机加工保证其平面度满足要求
		单节栅体高度对应边的相对差	≤3.0mm	
7	栅槽埋件材料	外露表面采用不锈钢板，其他采用Q235B型钢，对高寒地区，其主材料应提高性能，以满足特殊气候需要	滑道工作面机加工 Ra≤3.2μm	
8	埋件制造的允许偏差	非机加工工作面直线度	构件长度的1/1000，且不大于4.0mm	
		机加工面直线度	≤1.0mm	
		工作面局部平面度	每米范围：≤1.0mm	
		扭曲	≤3.0mm	
		相邻构件组合处错位	加工面不大于0.5mm且平缓过渡；未加工面不大于2.0mm且平缓过渡	

续表

序号	名称	结构型式或性能指标	主要技术要求	其他
9	栅体防腐	喷锌防腐，喷锌最小局部厚度为160μm。喷锌后喷涂封闭层、中间漆和面漆		
10	埋件防腐	埋入面采用水泥浆防护，水泥浆涂层厚度宜在300～800μm		

3.3.2 上水库进/出水口事故闸门

上水库进/出水口事故闸门设备配置及主要技术要求详见表3-2。

表3-2 上水库进/出水口事故闸门设备配置及主要技术要求

序号	名称	结构型式或性能指标	主要技术要求	其他
1	闸门	潜孔式平面滑动闸门		
2	止水橡皮	顶、侧水封为圆头P形橡皮，底水封为条形橡皮	止水橡皮技术性能不能低于以下要求：硬度：60±5；拉伸强度：≥18MPa；拉断伸长率：≤450%；压缩永久变形（B型试样，70℃×22h）：≤40%；热空气老化（70℃×96h拉伸强度变化率）：－20%～10%；蒸馏水浸泡（70℃×96h）质量变化率：≤5%；黏合强度（试样宽度25mm）：≥6kN/m；脆性温度：≤－40℃；定伸应力100%为1.6～2.0MPa、200%为1.8～4.5MPa；压缩模量20%为5.5～6.0MPa、30%为5.6～6.0MPa、40%为6.2～6.8MPa	对于高水头闸门，采用其他型式和性能止水
3	闸门门叶结构材料	结构件主材选用Q355B钢板和Q235B型钢。对高寒地区，其主材应提高性能，以满足特殊气候需要		
4	闸门主支承	采用钢基铜塑复合滑道或铜基镶嵌复合滑道	钢基铜塑复合滑块技术性能要求： 许用线压强：≥80MPa； 摩擦系数：0.03～0.09（水中）； 厚度磨损率：≤4.5×10^{-4}mm/m； 使用温度：－40～＋90℃； 铜基镶嵌复合滑道技术性能要求： 许用线压强：≥60MPa； 摩擦系数：0.08～0.13（水中）； 厚度磨损率：≤2×10^{-4}mm/m； 使用温度：－80～＋250℃	
5	闸门螺栓、螺母	滑块及止水螺栓、螺母均采用不锈钢，性能等级：A_2-70		
6	锁定装置	能实现远控	电动机防护等级室外不低于IP55，室内不低于IP54；推杆为不锈钢	
7	闸门门叶制造的允许偏差	门叶宽度和高度偏差	宽度偏差：±5.0mm； 高度偏差：±8.0mm	
		门叶厚度偏差	±3.0mm	

续表

序号	名称	结构型式或性能指标	主要技术要求	其他
7	闸门门叶制造的允许偏差	门叶对角线相对差和扭曲	对角线相对差：≤4.0mm； 扭曲：≤2.0mm	
		门叶横向直线度	凸向迎水面：≤4.0mm； 凸向背水面：≤3.0mm	
		门叶竖向直线度	凸向迎水面：≤4.0mm； 凸向背水面：≤3.0mm	
		门叶底缘直线度	≤2.0mm	
		门叶底缘倾斜值	≤2.0mm	
		面板局部平面度	≤3.0mm/m	
		两边梁底缘平面的平面度	≤2.0mm	门叶两边梁底缘需采用立面铣床整体加工
		止水座面平面度	≤2.0mm	止水座面采用平面铣床整体加工
		止水座板工作面至支承座面的距离	±1.0mm	
		吊耳孔中心线距离偏差	±2.0mm	
		吊耳孔同轴度	≤1.5mm	采用数控镗铣床整体镗孔
		滑块工作面平面度	≤2.0mm	滑块座面采用平面铣床整体加工
		滑道支承与止水座基准面的平行度	滑道长度不大于500mm时，不大于0.5mm；滑道长度大于500mm时，不大于1.0mm	
		相邻滑道衔接端的高低差	≤1.0mm	
8	门槽埋件材料	门槽外露表面均采用12Cr18Ni9不锈钢板，主轨的滑道采用12Cr18Ni9不锈钢方钢，其他采用Q235B，对高寒地区，其主材应提高性能，以满足特殊气候需要	滑道和止水座板工作面需机加工达到 $Ra \leq 3.2\mu m$	
9	埋件制造的允许偏差	工作面直线度	构件表面经过加工，为构件长度的1/2000且不大于1.0mm； 构件表面未经加工，为构件长度的1/1500且不大于3.0mm	
		工作面局部平面度	构件表面经过加工为每米范围不大于0.5mm，且不符合要求处不超过2处；构件表面未经加工为每米范围不大于1.0mm，且不符合要求处不超过2处	

序号	名称	结构型式或性能指标	主要技术要求	其他
9	埋件制造的允许偏差	扭曲	长度不大于3.0m时，不大于1.0mm，每增加1.0m递增0.5mm，且不大于2.0mm	
		主轨不锈钢方钢、止水座板与轨道面板的局部间隙	主轨不锈钢方钢、止水座板与轨道面板的局部间隙不大于0.5mm，每段长度不大于100mm，累计长度不大于全长的15%	
		主轨轨面与止水板工作面距离偏差	±0.5mm	
		轨面中心与止水板中心距离偏差	±2.0mm	
		相邻构件组合处错位	加工面：≤0.5mm且平滑过渡； 未加工面：≤2.0mm且平滑过渡	
10	闸门防腐	喷锌防腐，喷锌最小局部厚度为160μm，喷锌后喷涂封闭层、中间漆和面漆		
11	埋件防腐	埋入面采用水泥浆防护，水泥浆涂层厚度宜在300～800μm		

3.3.3 上水库进/出水口事故闸门启闭机

上水库进/出水口事故闸门启闭机设备配置及主要技术要求详见表3-3。

表3-3　　上水库进/出水口事故闸门启闭机设备配置及主要技术要求

序号	名称	结构型式或性能指标	主要技术要求
1	启闭机	固定卷扬式启闭机	
2	电动机	应采用适用于起重机用的变频调速三相交流异步电机	1）电动机应装有绕组温度传感器，实现电机绕组过热保护和补偿电机参数变化； 2）电动机应设置独立的冷却风机，满足各种工况的运行； 3）电动机防护等级为IP54，绝缘等级为F； 4）瞬动或反时限动作的过电流保护，其瞬时动作电流整定值应约为电动机最大启动电流的1.25倍； 5）电动机应有热过载保护装置
3	减速器	减速器采用平行轴硬齿面减速器；减速器采用焊接箱体；减速器采用强制喷油润滑	1）减速器采用硬齿面齿轮传动； 2）减速器齿轮弯曲疲劳安全系数S_{fmin}≥1.5，接触疲劳安全系数S_{hmin}≥1.25； 3）所有传动轴和齿轮必须通过静强度校核，校核力矩为电动机最大转矩传至各级传动轴和齿轮的力矩； 4）齿轮加工精度不低于7-7-6级； 5）减速器装配后必须在厂内跑合； 6）距减速器前后左右1m处测量的噪声，不得大于85dB(A)
4	工作制动器	工作制动器采用常闭式盘式或鼓式制动器，安装在减速器输入轴端	如采用盘式制动器，其设置要求如下： 1）工作制动器的制动靴宜对称布置； 2）起升机构工作制动器支架采用钢板焊接结构，附加手动松闸机构、上闸闭合和松闸释放限位开关及相应的信号显示装置、制动衬垫磨损自动补偿装置及磨损极限开关

序号	名称	结构型式或性能指标	主要技术要求
5	安全制动器	安全制动器采用一组常闭式盘式安全制动器，安装在卷筒端部	1）安全制动器对称布置； 2）安全制动器制动安全系数按闸门重量为额定荷载计算的总制动力矩计算，不小于2.5。安全制动器延时上闸； 3）盘式制动器工作方式为弹簧上闸、液压（或电动）松闸，并附加手动松闸机构、上闸闭合和松闸释放限位开关及相应的信号显示装置
6	荷载限制器		1）精度为2%； 2）当启闭荷载限制器超过额定荷载的10%时，应发出超载报警信号并切断电源，减载后仍能恢复工作
7	卷筒	采用焊接或铸造卷筒	1）采用钢板焊接卷筒，钢板材料强度不低于GB/T 1591中Q355B，100%超声波探伤，达到NB/T 47013.1～NB/T 47013.13规定的Ⅱ级质量要求。卷筒对接焊缝属Ⅰ类焊缝，焊后必须进行热处理消除应力； 2）卷筒主轴材料强度不低于35钢（GB/T 699）。锻件质量检查应按施工图样及JB/T 5000.8的规定执行。采用轧制件时，100%超声波探伤，达到GB/T 4162规定的B级质量要求。卷筒与短轴的焊缝为Ⅱ类焊缝。卷筒主轴挠度不大于L/3000（L为主轴支承跨度）； 3）双吊点时，卷筒绳槽底径制造公差不低于h8，跳动公差不低于9级（GB/T 1184），左、右卷筒绳槽底径相对差不大于0.5h8
8	卷筒联轴器		安全系数（额定力矩与计算力矩比值）不小于1.25
9	动滑轮、定滑轮及平衡滑轮		1）按钢丝绳中心计算的滑轮直径应满足DL/T 5167—2002规范第8.6.2条的要求； 2）采用焊接滑轮时，其材料强度应不低于Q235B或GB 1591中Q355B钢，焊后进行消除应力处理； 3）滑轮轴的材料强度不低于GB/T 699中的45钢； 4）装配好的滑轮应能用手灵活转动，侧向摆动距离不大于滑轮直径的1/1000
10	平衡滑轮轴承	采用主体材料为不锈钢或铜合金的自润滑滑动轴承	
11	卷筒、定滑轮轴承	采用主体材料为不锈钢或铜合金的自润滑滑动轴承或滚动轴承	
12	动滑轮组轴承	采用主体材料为不锈钢或铜合金的自润滑滑动轴承或滚动轴承	对于浸入水中的动滑轮组：如采用自润滑滑动轴承，计算自润滑滑动轴承的动载使用寿命，动载安全系数不小于2.0，并对轴表面采取镀铬防腐措施；如采用滚动轴承，应设密封装置
13	钢丝绳	结构型式应能满足启闭机使用环境和起升工况的要求，并采用线接触镀锌A级钢丝绳，钢丝绳应进行预拉处理	1）安全系数不小于5； 2）钢丝绳禁止接长使用，并禁止火焰切割； 3）钢丝绳套环、压板、绳夹和接头应分别符合GB/T 5974.1、GB/T 5975、GB/T 5976、GB/T 5973中的有关规定
14	现地控制柜	每套PLC配置一台17英寸彩色触摸屏，中文界面	系统采用冗余CPU、冗余通信模件、冗余电源等冗余方案，所有的I/O模件、冗余通信模件、冗余CPU、冗余电源属于同一系列同一档次产品。CPU存储器应有内部电池或存储卡支持，保证数据不因工作电源消失而丢失，电池工作寿命不少于2年。PLC在完成所要求的功能外，应有20%以上的硬件裕量，包括过程信号输入/输出容量，内存容量等

续表

序号	名称	结构型式或性能指标	主要技术要求
15	变频器	变频器应采用适用于矢量运动控制的重载型变频器	1）变频器应为模块式结构。具备智能操作面板，集成通信接口和调试接口，支持 PROFIBUS DP、PROFINET、MODBUS 等通信协议； 2）应具有矢量控制特性，支持转矩和速度的闭环和开环控制； 3）支持能耗制动或回馈制动； 4）具备欠电压、过电压、过载、接地、短路、失速、电机堵转、电机过温、变频器过温等保护功能； 5）过载能力不少于 1.5 倍额定电流下运行 1min
16	起升高度检测仪	采用绝对型光电编码器传感器	

第 4 章　下水库进/出水口系统

下水库进/出水口金属结构设备主要包括下水库进/出水口拦污栅及启闭设备、下水库进/出水口检修闸门及启闭设备、下水库进/出水口事故闸门及启闭设备。

4.1　系统设计原则

4.1.1　下水库进/出水口拦污栅设计原则

设置拦污栅的进/出水口建筑物应具有良好的水力学特性，必要时应通过水力学模型试验进行优化，达到进/出水水流平顺、均匀。一般情况下，通过拦污栅断面的平均出水流速不宜大于 1.2m/s，拦污栅的结构应进行静力核算和动力核算。

当下水库存在低水位或放空时段，且该时段满足拦污栅维修要求时，拦污栅宜采用固定式或活动紧固式，可不配置专用的永久启闭设备。否则，拦污栅应采用活动式，并结合水工建筑物的布置，通过技术经济比较后合理的配置专用的永久启闭设备。

4.1.2　下水库进/出水口闸门及启闭设备的设计原则

对于长尾水系统，应在每台机组尾水支管的适当位置设置一道尾水闸门，当尾水闸门采用高压闸阀式闸门时（闸门及启闭机设计原则见第五章），应在每条尾水道和下水库进/出水口衔接处的适当位置布置一道检修闸门。当尾水闸门采用平面闸门布置在尾水支管与尾水调压室交汇处的闸门井中时，闸门及启闭机设计原则见第三章。

对于短尾水系统，尾水闸门应设置在每条尾水道和下水库进/出水口衔接处的适当位置，当尾水闸门为事故闸门时，一般应在事故门的下水库侧设置一道检修闸门。

尾水闸门为事故门时，应采用现地启、闭操作和远方自动闭门操作。现地和远方均应设置可靠的闸门位置显示装置。闸门（启闭设备）应设置可靠的并能满足远方自动闭门操作要求的锁定（制动）装置。闸门的启闭设备应设置各种闸门位置控制开关，闸门电控系统与机组和机组上游侧工作阀的电控系统之间均应进行安全闭锁。只有在工作阀处于关闭状态下，事故闸门才能进行启闭操作和处于闭门挡水状态。

尾水闸门为事故门时，当闸门悬挂在闸门井顶部时，应使闸门的底缘高于下水库最高运行水位，闸门下部的正向、反向和侧向支承均应位于门槽内。当闸门处于闸门井水体中时，必须论证机组甩负荷时产生的涌浪对闸门的影响。闸门（启闭设备）应设置可靠的并能满足远方自动闭门操作要求的锁定（制动）装置。

闸门的充水平压装置必须安全、可靠、操作灵活，其充水量应满足不同时期的充水时间要求。

4.1.3　防冰冻原则

为保证位于严寒地区的抽水蓄能电站冬季正常运行，对于下水库进/出水口拦污栅、闸门及启闭机等设备，除了应结合当地环境条件、按照相关规定选择零部件的材质外，还应根据设备的工作条件、在水工建筑物中的位置及冬季运行工况等具体情况，采取必要的防冰冻和保温措施。

1. 下水库进/出水口拦污栅

国内严寒地区已建水电站多年运行情况表明，当拦污栅在最低运行水位以下2～3m处时，一般不会被冰凌、冰块堵塞。抽水蓄能电站下水库进出水口拦污栅防冰冻设计宜从布置上考虑，将拦污栅布置于最低运行水位以下2m处时，一般不再考虑其他防冰冻措施。

2. 下水库进/出水口闸门及启闭机

抽水蓄能电站的下水库进/出水口一般布置在山体内或水库水位以下，在地温与水温的自调节作用下，结冰的概率较低。在寒冷地区，为防止闸门井水面结冰，闸门井顶部以上排架宜采用封闭结构，必要时可采用封闭结构内取暖保温、空气压缩吹泡法、门槽加热等防冰冻措施，保证闸门正常运行。

4.2 设备型式及运行要求

4.2.1 拦污栅

抽水蓄能电站拦污栅为垂直、平面、活动式，由于承受双向水流，尤其是抽水工况时出流的流态较差，易引起振动，故拦污栅设计时采用了较高的设计水位差，取为5～7m。

拦污栅梁格的双向迎水面宜采用近似流线型，栅条横断面宜采用方形，栅条的宽厚比应大于7，栅条之间、栅条与主横梁之间均采用焊接连接。

为抑制拦污栅的振动，利用楔形滑块和单边V形的楔形栅槽配合将拦污栅卡紧在埋件上，也可通过压缩支撑滑块下的橡皮块，使拦污栅撑紧在栅槽。

由于下水库通常利用已建水库或湖泊，水库库容较大，消落深度相对较小，积水面积大，污物来源较多。下水库一般存在低水位或放空的时段较少，不具备库底及进/出水口拦污栅等的维护与检修条件，应设置一台移动式启闭机，用于下水库进/出水口拦污栅的启闭操作。若下水库污物来源较少，存在低水位或放空时段，且该时段满足拦污栅维修要求时，可不配置专用的永久启闭设备。

4.2.2 事故闸门

对于短尾水管电站，在每条尾水隧洞出口闸门井段的闸门井内布置1扇事故闸门，当检修机组、尾水隧洞时能封堵下水库的水源或当地下厂房内与尾水隧洞相连接的管路等部件出现事故时，能动水截断下水库的水流，从而保护机组、避免水淹厂房等事故的发生。

闸门门型为潜孔式平面滑动闸门，梁系采用实腹式同层布置，面板布置在下水库侧，顶、侧水封布置在厂房侧，底水封布置在下水库侧，利用水柱动水闭门。闸门主支承钢基铜塑复合滑道或铜基镶嵌复合滑道、反向弹性滑块（头部镶嵌低摩复合材料）、侧向简支轮或复合材料滑块。

闸门操作条件为动水闭门，通过门顶压盖式充水阀充水平压后静水启门，平时通过启闭机悬吊在孔口上方，闸门部分进入门槽，其底缘在校核洪水位以上。锁定装置可用于闸门及启闭机检修时锁定闸门，闸门及锁定装置可现地启闭操作，也可远方自动闭门操作。为避免误操作，在主进水阀与事故闸门之间设置互相闭锁装置，即只有在主进水阀关闭状态，事故闸门关闭指令才能执行；只有事故闸门在全开状态，主进水阀的打开指令才能执行。

闸门启闭机型式为固定卷扬式启闭机，采用一门一机布置型式。为确保安全，每台启闭机均设两套制动器，一套为工作制动器，另一套为安全制动器。启闭机布置在排架顶部平台的机房中，在机房设有移动式检修吊，用于固定卷扬式启闭机的检修和维护。

4.2.3 检修闸门

对于短尾水管电站，在下水库进/出水口事故闸门的下水库侧设置一道检修闸门，以便在机组大修时封堵来自下水库的水源，为检修事故闸门和门槽及其启闭机提供条件。每个尾水隧洞出口处均设置1套检修闸门门槽，多套门槽共用1扇闸门。闸门启闭机型式为单向门机。

闸门型式为潜孔式平面滑动闸门，闸门梁系采用实腹式同层布置，面板布置在厂房侧，顶、侧水封及底水封布置在厂房侧。闸门主支承高强低摩复合材料、反向弹性滑块（头部镶嵌低摩复合材料）、侧向简支轮。

闸门操作条件为静水闭门，门顶设有一个压盖式充水阀，充水平压后静水启门，启门时，应先打开充水阀充水平压，待闸门前后水位差不大于1m后再启门。检修闸门平时存放在门库内。

对于长尾水系统，尾水检修闸门设置在机组的尾水主洞和下水库进/出水口衔接处的适当位置。根据水工建筑物的布置，合理选用启闭机型式，可选用固定卷扬式启闭机或单向门机。

4.3 设备配置及主要技术要求

4.3.1 下水库进/出水口事故闸门

下水库进/出水口事故闸门及门槽主要技术要求与上水库进/出水口事故闸门及门槽主要技术要求相同，详见3.3.2。

4.3.2 下水库进/出水口事故闸门启闭机

下水库进/出水口事故闸门启闭机为固定卷扬式启闭机，主要技术要求与上水库进/出水口事故闸门启闭机主要技术要求相同，详见3.3.3。

4.3.3 下水库进/出水口检修闸门

检修闸门主支承采用高强低摩复合滑块，高强低摩复合滑块技术性能要求为抗压强度90～160MPa、吸水率不大于0.06%、摩擦系数为0.04～0.15(水中)、使用温度为－40～＋90℃。检修闸门锁定装置不需远控，采用不带电动推杆人工操作的翻板或简支梁锁定装置。

检修闸门其他主要技术要求与事故闸门主要技术要求相同，详见3.3.2。

4.3.4 下水库进/出水口拦污栅

下水库进/出水口拦污栅及栅槽主要技术要求与上水库进/出水口拦污栅及栅槽主要技术要求相同，详见3.3.1。

4.3.5 下水库进/出水口拦污栅及检修闸门启闭机

下水库进/出水口拦污栅采用移动式启闭机或临时起吊设备。下水库进/出水口检修闸门根据水工建筑物布置，可采用移动式启闭机或固定卷扬式启闭机。固定卷扬式启闭机主要技术要求详见3.3.3，下水库进/出水口拦污栅及检修闸门移动式启闭机主要技术要求见表4-1。

表4-1 下水库进/出水口拦污栅及检修闸门移动式启闭机主要技术要求

序号	名称		结构型式或性能指标	主要技术要求
1	起升机构	启闭机	移动式启闭机	
2		电动机	采用适用于起重机用的变频调速三相交流异步电机	1）电动机应装有绕组温度传感器，实现电机绕组过热保护和补偿电机参数变化； 2）电动机应设置独立的冷却风机，满足各种工况的运行； 3）电动机防护等级为IP54，绝缘等级为F； 4）瞬动或反时限动作的过电流保护，其瞬时动作电流整定值应约为电动机最大启动电流的1.25倍； 5）电动机应有热过载保护装置
3		减速器	起升机构应采用闭式传动。减速器采用平行轴硬齿面减速器；减速器采用焊接箱体；减速器采用强制喷油润滑	1）减速器采用硬齿面齿轮传动； 2）减速器齿轮弯曲疲劳安全系数 $S_{fmin}\geq 1.5$，接触疲劳安全系数 $S_{hmin}\geq 1.25$； 3）所有传动轴和齿轮必须通过静强度校核，校核力矩为电动机最大转矩传至各级传动轴和齿轮的力矩； 4）齿轮加工精度不低于7-7-6级； 5）减速器装配后必须在厂内跑合； 6）距减速器1m处测量的噪声，不得大于85dB(A)
4		工作制动器	工作制动器采用常闭式盘式或鼓式制动器，安装在减速器输入轴端	如采用盘式制动器，其设置要求如下： 1）工作制动器的制动靴宜对称布置； 2）起升机构工作制动器支架采用钢板焊接结构，附加手动松闸机构、上闸闭合和松闸释放限位开关及相应的信号显示、制动衬垫磨损自动补偿装置及磨损极限开关
5		安全制动器	安全制动器采用一组采用常闭式盘式安全制动器（对称布置），安装在卷筒端部	1）安全制动器对称布置； 2）安全制动器制动安全系数按额定启闭荷载计算的总制动力矩计算，不小于1.5，安全制动器延时上闸； 3）盘式制动器工作方式为弹簧上闸、液压（或电动）松闸，并附加手动松闸机构、上闸闭合和松闸释放限位开关及相应的信号显示
6		荷载限制器		1）精度为2%； 2）当启闭荷载限制器超过额定荷载的10%时，应发出超载报警信号并切断电源，减载后仍能恢复工作

续表

序号	名称		结构型式或性能指标	主要技术要求
7	起升机构	卷筒	采用焊接或铸造卷筒	1）优先采用钢板焊接卷筒，钢板材料强度不低于 GB/T 1591 中 Q355B，100%超声波探伤，达到 NB/T 47013.1～NB/T 47013.13 规定的Ⅱ级质量要求。卷筒对接焊缝属Ⅰ类焊缝，焊后必须进行热处理消除应力。当卷筒采用铸钢时，材质不应低于 ZG230-450，如需焊接时其焊缝的要求，探伤和消应处理仍按上述要求执行； 2）卷筒主轴材料不低于 45 钢（GB/T 699）。锻件质量检查应按施工图样及 JB/T 5000.8 的规定执行。采用轧制件时，100%超声波探伤，达到 GB/T 4162 规定的 B 级质量要求。当采用钢板焊接卷筒时，卷筒与短轴的焊缝为Ⅱ类焊缝。卷筒主轴挠度不大于 L/3000(L 为主轴支承跨度)； 3）双吊点时，卷筒绳槽底径制造公差不低于 h8(GB 1802)，跳动公差不低于 9 级（GB/T 1184），左、右卷筒绳槽底径相对差不大于 0.5h8
8		卷筒联轴器		安全系数（额定力矩与计算力矩比值）不小于 1.25
9		动滑轮、定滑轮及平衡滑轮		1）按钢丝绳中心计算的滑轮直径应满足 DL/T 5167—2002 第 8.6.2 条的要求； 2）采用焊接滑轮时，其材料强度应不低于 Q235B 或 GB 1591 中 Q355B 钢，焊后进行消除应力处理； 3）滑轮轴的材料不低于 GB 699 中的 45 钢； 4）装配好的滑轮应能用手灵活转动，侧向摆动距离不大于滑轮直径的 1/1000
10		平衡滑轮轴承	采用主体材料为不锈钢或铜合金的自润滑滑动轴承	
11		卷筒、定滑轮轴承	采用滚动轴承	
12		动滑轮组轴承	采用主体材料为不锈钢或铜合金的自润滑滑动轴承或采用滚动轴承	对浸入水中的动滑轮组：如采用自润滑滑动轴承，计算自润滑滑动轴承的动载使用寿命，动载安全系数不小于 2.0，并对轴表面采取镀铬防腐措施；如采用滚动轴承，应设密封装置
13		钢丝绳	结构型式应能满足启闭机使用环境和起升工况的要求，并采用线接触镀锌 A 级钢丝绳，钢丝绳应进行预拉处理	1）安全系数不小于 5； 2）钢丝绳禁止接长使用，并禁止火焰切割； 3）钢丝绳套环、压板、绳夹和接头应分别符合 GB/T 5974.1、GB/T 5975、GB/T 5976、GB/T 5973 中的有关规定
14	大车走行机构	大车驱动	分别驱动，交流变频调速，满载调速比 1∶10；电气位置同步	
15		车轮轴承	采用 45°剖分式结构整体加工，车轮组平衡架采用剖分式套环铰轴支承连接	
16		小车架	整体加工	
17		减速器	闭式传动，采用硬齿面“三合一”立式减速器	1）减速器齿轮弯曲疲劳安全系数 $S_{\mathrm{fmin}} \geqslant 1.5$，接触疲劳安全系数 $S_{\mathrm{hmin}} \geqslant 1.25$； 2）所有传动轴和齿轮必须通过静强度校核，校核力矩为电动机最大转矩传至各级传动轴和齿轮的力矩； 3）齿面加工精度不低于 7 级（GB/T 10095）； 4）减速器装配后，应根据齿轮副接触状态对齿面进行修磨或调整处理； 5）距减速器 1m 处测量的噪声，不得大于 85dB(A)

续表

序号	名称		结构型式或性能指标	主要技术要求
18		现地控制柜	每套PLC配置一台17英寸彩色触摸屏，中文界面	系统采用冗余CPU、冗余通信模件、冗余电源等冗余方案，所有的I/O模件、冗余通信模件、冗余CPU、冗余电源属于同一系列同一档次产品。CPU存储器应有内部电池或存储卡支持，保证数据不因工作电源消失而丢失，电池工作寿命不少于2年。PLC在完成所要求的功能外，应有20%以上的硬件裕量，包括过程信号输入/输出容量，内存容量等（增加行走控制部分）
19		变频器	变频器应采用适用于矢量运动控制的重载型变频器	1）变频器应为模块式结构。具备智能操作面板，集成通信接口和调试接口，支持PROFIBUS DP、PROFINET、MODBUS等通信协议； 2）应具有矢量控制特性，支持转矩和速度的闭环和开环控制； 3）支持能耗制动或回馈制动； 4）具备欠电压、过电压、过载、接地、短路、失速、电机堵转、电机过温、变频器过温等保护功能； 5）过载能力应不少于1.5倍额定电流下运行1min
20		起升高度检测仪	采用绝对型光电编码器传感器	
21		夹轨器	设置手动和电动两用的夹轨器	1）夹轨器应与风速仪联动。当风速超过工作状态最大计算风速时，自动发出停止作业的声、光警报并提示夹紧夹轨器；当风速超过工作状态最大计算风速一定值时，电控系统自动对移动式启闭机实施保护动作并夹紧夹轨器； 2）夹轨器与拖动系统互锁，移动式启闭机运行前，应先松开夹轨器，然后才能开机。司机下班关断移动式启闭机总电源前，电控系统应自动控制夹紧夹轨器； 3）为避免移动式启闭机大修时，由于风力作用而影响维修安全性，须在大车运行区间适当位置处设置锚定装置

第5章 尾水闸门室系统

尾水闸门室金属结构设备主要包括尾水闸门室事故闸门、尾水闸门室事故闸门启闭机。

5.1 系统设计原则

尾水闸门室事故闸门，应采用现地启、闭操作和远方自动闭门操作。现地和远方均应设置可靠的闸门位置显示装置。闸门（启闭设备）应设置可靠的并能满足远方自动闭门操作要求的锁定（制动）装置。闸门的启闭设备应设置各种闸门位置控制开关，闸门电控系统与机组和机组上游侧工作阀的电控系统之间均应进行安全闭锁。只有在工作阀处于关闭状态下，该事故闸门才能进行启闭操作和处于闭门挡水状态。

闸门的充水平压装置必须安全、可靠、操作灵活，其充水量应满足不同时期的充水时间要求。

5.2 设备型式及运行要求

地下厂房至尾水闸门室采用一管一机布置方式。在尾水闸门室处设置事故闸门，当检修机组、尾水管时封堵下水库的水源或当地下厂房内与尾水隧洞相连接的管路等部件出现事故时，能动水截断下水库的水流，避免水淹厂房等事故的发生。

门槽型式为封闭式门槽，采用箱型整体钢结构，顶部设有密封盖板。闸门和门槽结构强度根据水力过渡过程计算的水头进行设计，同时门槽还按尾水支管放空时所受到的最大外水压力计算封闭壳体的强度。

事故闸门门型为潜孔式平面滑动闸门，主支承采用高强度钢基铜塑复合滑道或铜基镶嵌复合滑道，反向导向采用板弹簧和金属限位块型式，板弹簧上部固定复合材料滑块，侧向导向采用复合材料滑块，门叶面板及底止水均设置在下水库侧，顶、侧止水设置在厂房侧，利用水柱闭门。

闸门在正常检修工况下，闸门静水闭门；在尾水管管路发生泄漏的事故工况下，闸门能够全水头动水下门，防止事态进一步扩大。闸门通过电动旁通阀充水平压后静水启门。为避免误操作，在工作阀与事故闸门之间设置互相闭锁装置，即只有工作阀处于关闭状态，事故闸门关闭指令才能执行；只有事故闸门处于全开状态，工作阀的打开指令才能执行，闭锁采用电气硬接线方式。

在靠近闸门的机组侧流道顶部和闸门腰箱顶部均设置有自动排气、补气装置。闸门平时通过液压启闭机悬吊于孔口门楣上方约1m处并处于待命状态。

闸门启闭机型式为液压启闭机，布置在门槽顶部的密封盖板顶部，采用现地启、闭操作和中控室远程闭门操作方式。启闭机具有闸门下滑自动提门功能。启闭机采用一门一机型式，多台启闭机共用一个液压泵站，液压泵站设有2台油泵电机组和2套油箱，每台启闭机均配置1套单独的液压控制阀组，启、闭闸门时一台油泵电机组工作，另一台油泵电机组备用；当一台发生故障时，另一台备用泵组能自动投入使用。

5.3 设备配置及主要技术要求

5.3.1 尾水闸门室事故闸门

尾闸室事故闸门设备配置与主要技术要求见详见表5-1。

表5-1　尾水闸门室事故闸门设备配置与主要技术要求

序号	名称	结构型式或性能指标	主要技术要求	其他
1	闸门	潜孔式平面滑动闸门		
2	止水橡皮	顶、侧水封为圆头P形橡皮，底水封为条形橡皮	止水橡皮技术性能不能低于以下要求：硬度：70±5；拉伸强度：≥22MPa；拉断伸长率：≥400%；压缩永久变形（B型试样，70℃×22h)：≤40%；热空气老化（70℃×96h拉伸强度变化率)：−20%～10%；蒸馏水浸泡（70℃×96h）质量变化率：≤5%；黏合强度（试样宽度25mm)：≥6kN/m；脆性温度：≤−40℃；定伸应力100%为2.0～4.0MPa、200%为2.5～5.0MPa；压缩模量20%为5.8～8.0MPa、30%为5.6～8.0MPa、40%为6.0～9.0MPa	
3	闸门门叶结构材料	结构件主材选用Q355B钢板和Q235B型钢，水封压板采用12Cr18Ni9不锈钢		闸门门叶结构焊后应整体退火消除应力，分节用螺栓连接时，门叶结构节间连接板应整体采用机加工
4	闸门支承	主支承钢基铜塑复合滑块或铜基镶嵌复合滑块、反向导向采用板弹簧和金属限位块型式，板弹簧上部固定复合材料滑块，侧向导向采用复合材料滑块	钢基铜塑复合滑块技术性能要求： 许用线压强：≥80MPa； 摩擦系数：≤0.09（水中)； 厚度磨损率：≤4.5×10^{-4}mm/m； 使用温度：−40～+90℃； 铜基镶嵌复合滑块技术性能要求： 许用线压强：≥60MPa； 摩擦系数：0.08～0.13（水中)； 厚度磨损率：≤2×10^{-4}mm/m； 使用温度：−80～+250℃	

续表

序号	名称	结构型式或性能指标	主要技术要求	其他
5	闸门螺栓、螺母	滑块及止水螺栓、螺母均采用不锈钢螺栓，性能等级：A_2-70；闸门节间连接螺栓、螺母为高强度螺栓，性能等级不低于8.8级		
6	闸门门叶制造的允许偏差	门叶宽度和高度偏差	宽度偏差：±5.0mm； 高度偏差：±8.0mm	
		门叶厚度偏差	±3.0mm	
		门叶对角线相对差和扭曲	对角线相对差：≤4.0mm； 扭曲：≤2.0mm	
		门叶横向直线度	凸向迎水面：≤4.0mm； 凸向背水面：≤3.0mm	
		门叶竖向直线度	凸向迎水面：≤4.0mm； 凸向背水面：≤3.0mm	
		门叶底缘直线度	≤2.0mm	
		门叶底缘倾斜值	≤2.0mm	
		面板局部平面度	≤3.0mm/m	
		两边梁底缘平面的平面度	≤2.0mm	门叶两边梁底缘采用立面铣床整体加工
		止水座面平面度	≤1.0mm	止水座面采用平面铣床整体加工
		止水座板工作面至支承座面的距离	±1.0mm	
		吊耳孔中心线距离偏差	±2.0mm	
		吊耳孔同轴度	≤1.5mm	采用数控镗铣床整体镗孔
		滑块工作面平面度	≤2.0mm	滑块座面采用平面铣床整体加工
		滑道支承于止水座基准面的平行度	滑道长度不大于500mm时，不大于0.5mm；滑道长度大于500mm时，不大于1.0mm	
		相邻滑道衔接端的高低差	规范允许偏差：≤1.0mm	
7	门槽埋件材料	门槽外露表面均采用复合钢板（表层不锈钢，基材Q355B），主轨的滑道采用12Cr18Ni9不锈钢方钢、主轨采用不锈钢厚板。顶、侧水封座板采用12Cr18Ni9不锈钢；其他材料为Q355B钢板	滑道工作面及止水座板需机加工达到$Ra \leq 3.2\mu m$；门槽顶部与门槽顶部盖板结合面均应整体机加工，$Ra \leq 3.2\mu m$，平面度不大于1mm	门槽主轨及门槽顶部盖板焊后应分节整体退火消应

续表

序号	名称	结构型式或性能指标	主要技术要求	其他
8	埋件制造的允许偏差	工作面直线度	构件表面经过加工为构件长度的1/2000，且不大于1.0mm； 构件表面未经加工为构件长度的1/1500，且不大于3.0mm	
		工作面局部平面度	构件表面经过加工为每米范围不大于0.5mm，且不符合要求处不超过2处；构件表面未经加工为每米范围不大于1.0mm，且不符合要求处不超过2处	
		扭曲	长度不大于3.0m时，不大于1.0mm，每增加1.0m递增0.5mm，且不大于2.0mm	
		主轨不锈钢方钢、止水座板与轨道面板的局部间隙	主轨不锈钢方钢、止水座板与轨道面板的局部间隙不大于0.5mm，每段长度不大于100mm，累计长度不大于全长的15%	
		主轨轨面与止水板工作面距离偏差	±0.5mm	
		轨面中心与止水板中心距离偏差	±2.0mm	
		相邻构件组合处错位	加工面：≤0.5mm且平滑过渡； 未加工面：≤2.0mm且平滑过渡	
9	闸门防腐	喷锌防腐，喷锌最小局部厚度为160μm。喷锌后喷涂封闭层、中间漆和面漆		
10	埋件防腐	埋入面采用水泥浆防护，水泥浆涂层厚度宜在300～800μm		
11	旁通阀	设置有一个手动/电动球阀作为工作闸阀，连接形式为法兰连接。球阀电机的防护等级为IP55。在工作闸阀前后各设置1个手动球阀作为检修阀，连接形式为法兰连接	阀门应有足够的强度和刚度，公称压力应大于尾闸室最高涌浪压力的1.5倍，阀门组装后应动作灵活、操作平稳，并在各种工况下关闭和开启时无有害振动。 阀门应能按规定程序进行自动和手动操作；阀体、阀芯、阀盖、阀座及闸板均选用不锈钢材料制作	
		考虑万一尾水闸门室事故闸门承受上游侧水压时的泄压，因此与旁通管并联一根钢管，设置一个单向阀作为止回阀		
12	充排气阀	上库侧进排气管上方分别设有自动充排气阀，连接形式为法兰连接。为便于自动充排气阀检修，在充排气阀的下部串联一只手动球阀作为检修阀，连接形式为法兰连接	公称压力应大于尾闸室最高涌浪压力的1.5倍，进排气阀的充气、排气和封水操作都应灵活可靠，关闭后封水须严密；阀体、阀盖及浮球均选用不锈钢材料制作	
		在门槽顶盖充排气管上方分别设有一只可排高压气体的自动充排气阀，连接形式为法兰连接		

5.3.2 尾水闸门室事故闸门启闭机

尾水闸门室事故闸门启闭机设备配置与主要技术要求见详见表5-2。

表 5-2　　尾水闸门室事故闸门启闭机设备配置与主要技术要求

序号	名称	结构型式或性能指标	主要技术要求
1	启闭机	液压启闭机	
2	液压泵站	尾闸室多台启闭机共设一个液压泵站。泵站设两套油泵电动机组，启、闭门时一台工作，另一台备用；当一台发生故障时，另一台备用泵组能自动投入使用	液压系统应具备以下要求： 1）当泵站主油箱布置高程低于液压缸顶部时，宜优先设置副油箱给活塞杆上腔补油；当未设置副油箱但能可靠自吸补油时，应采用正常情况泵控补油，事故工况从油箱自吸补油的方案； 2）液压系统应确保任一台机组液压缸的启闭操作不会影响其他机组液压缸的工作状态，因此，各液压缸控制回路之间应设置可靠的电、液闭锁装置； 3）液压系统必须具备在其他机组不停机工况下能对任一套液压缸和控制阀组进行维修的能力
3	油泵电机组	油泵选用手动变量轴向柱塞泵，应符合 DIN 或 ANSI 标准，电机按照 IEEE 标准应为整体封闭的，不通气的结构，电动机 TH 处理	油泵额定压力不低于 35MPa；电动机绝缘等级：F 级，防护等级不低于 IP55；液压泵站动力电源为 AC 380V，50Hz
4	液压油	应选用 YB-N46 抗磨液压油	清洁度应符合 NAS 1638 中规定的 8 级精度
5	液压阀	关键液压阀均应符合 DIN 或 ANSI 标准	所有电磁阀应带 1 对输出触点，用于控制阀的电磁铁应为 F 级绝缘，直流 24V，线圈的连接端子为螺纹式
6	液压附件	压力控制器、压力表、精滤器、高压软管、球阀、测压接头、油压变送器、油位控制器、油温控制器等采用性能先进的元器件	
7	液压缸支承型式	油缸缸体的下端坐落在门槽顶部盖板的机座上，通过螺栓固定	
8	液压缸材质	缸体应优先采用无缝钢管制作，材质应符合或相当于 GB/T 699 的 45 号钢或 Q355B，缸体机械性能应达到 GB/T 699 或 GB/T 1591 规定的正火热处理后性能指标要求。当采用分段焊接时，缸体焊缝部位应经高温回火处理，焊缝按二级焊缝要求，100%焊缝长度进行超声波探伤及外观检查合格，并符合 JB 1151 的规定	液压缸内径表面加工推荐采用珩磨，粗糙度应 Ra 不大于 GB/T 1031 中 0.4μm，要求具有明显的网状花纹。缸体内径尺寸公差应不低于 GB/T 1801 中的 h8。缸体内径圆度公差应不低于 GB/T 1184 中 8 级。内表面母线的直线度公差应不大于 0.2mm/1000mm，且在缸体全长上不大于 0.3mm。缸体端面圆跳动公差应不低于 GB/T 1184 中 8 级。缸体端面与缸体轴线垂直度公差应不低于 GB/T 1184 中 7 级
9	缸盖	缸盖材料性能应不低于 GB 699 中的 35 钢	缸盖与相关件配合处的圆柱度公差应不低于 GB/T 1184 中 8 级，同轴度公差应不低于 7 级；缸盖与缸体配合的端面与缸盖轴线垂直度公差应不低于 GB/T 1184 中 7 级；端面圆跳动公差应不低于 GB/T 1184 中 8 级
10	活塞	活塞材料性能应不低于 GB 699 中的 45 钢，采用减摩环或导向带导向	减摩环外径尺寸公差应不低于 GB/T 1800 中的 f7，外径圆柱度公差应不低于 GB/T 1184 中 8 级，外径对内径的同轴度公差应不低于 GB/T 1184 中 8 级；活塞减摩环或导向带外圆表面粗糙度 Ra 应不大于 GB/T 1031 中 0.4μm
11	活塞杆	活塞杆材料应采用整段材料制作，活塞杆材料性能应不低于 GB 699 中 45 钢正火处理后的性能，活塞杆采用喷涂陶瓷防腐	活塞杆导向段外径尺寸公差应不低于 GB 1801 中的 f7，圆度公差应不低于 GB 1184 中 8 级，母线的直线度公差应不大于 0.1mm/1000mm，且在全长上不大于 0.25mm；与活塞接触的活塞杆端面对轴心线垂直度应不低于 GB/T 1184 中 8 级；活塞杆两端螺纹采用 GB/T 197 中的 6 级精度；活塞杆导向段外径表面粗糙度 Ra 应不大于 GB/T 1031 中 0.25μm

续表

序号	名称	结构型式或性能指标	主要技术要求
12	活塞杆吊耳	活塞杆吊头材料采用整体锻件，其机械性能不低于JB/T 6397中45钢正火后的技术性能，吊头材料均按GB/T 6402Ⅱ级进行100%超声波探伤	
13	自润滑球面轴承	吊头与闸门吊耳采用主体材料为不锈钢或铜合金的自润滑球面滑动轴承连接	
14	密封件	所有动密封与静密封件耐压31.5MPa；陶瓷活塞杆的动密封件应选用适应陶瓷活塞杆的专用密封；密封件应便于安装和调整	
15	活塞杆导向带	导向套材料需与陶瓷活塞杆相配，选用非金属导向套或导向带，抗水性和抗油性优良	
16	活塞杆锁定装置	液压缸顶部应设有液压操作的机械式活塞杆锁定装置，并设有脱锁/开锁的位置开关和停电时手动开锁功能	
17	油管和管接头	油管及管接头的材料采用耐腐蚀性能、力学性能不低于GB/T 3091中的12Cr18Ni9的不锈钢，油管应为无缝钢管	
18	行程检测装置	行程检测装置采用与陶瓷活塞杆相配套的无接触型行程检测传感器，或采用内置于液压缸的绝对型输出信号行程传感器。与陶瓷活塞杆相配套的行程检测传感器优先采用绝对型输出信号传感器，当采用增量型输出信号传感器时，电气控制系统应根据启闭机的运行要求配置容量足够的不间断电源	输出十六位格雷码信号，检测精度不低于±1mm；具有优良的抗外界干扰能力，其防护等级不低于IP68
19	行程限位开关	行程限位开关防护等级不低于IP65	
20	控制屏	屏体结构为钢支架金属外壳封闭式，能独立支撑	屏高为2260mm（其中60mm为屏檐），屏体用防锈涂层保护；屏内应设置一套防潮电加热器，并带有自动温控保护装置，容量为100～200W；指示灯和信号灯发光体要求为LED；控制屏的防护等级应不低于IP54
21	PLC控制设备		系统采用冗余CPU、冗余通信模件、冗余电源等冗余方案，所有的I/O模件、冗余通信模件、冗余CPU、冗余电源属于同一系列同一档次产品。CPU存储器应有内部电池或存储卡支持，保证数据不因工作电源消失而丢失，电池工作寿命不少于2年。PLC在完成所要求的功能外，应有20%以上的硬件裕量，包括过程信号输入/输出容量，内存容量等
22	触摸屏		每套PLC配置一台17英寸彩色触摸屏，中文界面
23	压力传感器	压力传感器应有一个带螺纹电线插孔的防水密闭罩壳，防护等级应为IP57；传感器工作电压直流24V，模拟量输出电流4～20mA，最大压力不低于40MPa	

续表

序号	名称	结构型式或性能指标	主要技术要求
24	压力控制器	压力控制器应有一个带螺纹型电线插孔的防尘防水密闭罩壳，防护等级应为IP57；压力控制器应带两副转换接点，其触点接断容量：交流220V，持续电流不小于5A	

第6章 水库泄洪系统

本章节水库泄洪系统主要用于调节水库水位、泄洪、冲沙和放空等，其金属结构设备主要包括泄洪洞工作闸门（工作阀门）及启闭设备、泄洪洞事故闸门及启闭设备。

6.1 系统设计原则

水库常设置有泄洪放空洞，在闸门控制段设有1扇弧形工作闸门（通过必要论证也可采用平面闸门），或在泄洪洞出口处设置工作阀门，其主要功能是调节水库水位和泄洪，同时也可用于放空水库。在工作闸门（或工作阀门）上游泄洪放空洞进口处设有1扇事故闸门，其主要功能是在泄放洞工作闸门或流道发生事故时，闸门可以动水关闭孔口，截断水流，避免事故扩大，也可用于工作闸门及门槽（或工作阀门）检修时封闭孔口。

6.2 设备型式及运行要求

6.2.1 工作闸门（工作阀门）

如采用工作闸门，一般设置在泄洪洞中部的闸门控制段，工作闸门型式为潜孔式弧形闸门。支铰轴承采用自润滑球面滑动轴承。闸门操作条件为动水启闭，可局部开启，闸门平时封闭孔口，需要检修时由启闭机开启至检修位进行检修。弧形工作闸门的启闭可采用液压启闭机或固定卷扬式启闭机实现现地和远程操作。

如采用工作阀门，一般设置在泄洪洞出口处，工作阀门可选用固定锥形消能阀或多喷孔套筒消能阀，阀门公称压力根据工程水头参数计算结果等综合选取，公称压力不小于管道最大上游水头的150%，且不小于阀门全关后的最大静水头的150%，阀门平时处于关闭状态。工作阀门启闭可采用液压系统、电动执行机构等方式实现现地和远程操作，且可手动/电动两用。

6.2.2 事故闸门

泄洪放空洞进口设置1扇事故检修闸门，当工作闸门（工作阀门）出现事故时，该闸门能动水闭门，切断水流；当工作闸门和泄洪放空洞需要检修和维护时，也可封闭孔口。事故闸门可采用平面滑动闸门或平面定轮闸门。

平面滑动闸门主支承采用高强度钢基铜塑复合滑道或铜基镶嵌复合滑道，门叶面板及底止水均设置在上游侧，顶、侧止水设置在下游侧，利用水柱闭门。在正常检修工况下，闸门静水闭门；在事故工况下，闸门能够动水下门。闸门通过设置在门顶的充水阀充水平压后静水启门，平时利用锁定装置锁定在孔口上方。闸门及锁定装置采用现地启闭操作。

平面定轮闸门定轮主材选用力学性能不低于35CrMo性能的锻件，轮轴采用45号优质碳素钢或优质合金钢，定轮轴承采用主体材料为不锈钢或铜合金的自润滑滑动轴承或滚动轴承。运行要求及启闭设备均与平面滑动闸门相同。

水库泄洪放空洞事故检修闸门启闭机选用固定卷扬式启闭机。启闭机现地操作，启闭机室顶部设置一台可移动检修吊，用于卷扬式启闭机的检修和维护。

6.3 设备配置及主要技术要求

6.3.1 水库泄洪洞工作闸门

水库泄洪洞工作闸门设备配置与主要技术要求见详见表6-1。

表 6-1 水库泄洪洞工作闸门设备配置与主要技术要求

序号	名称	结构型式或性能指标	主要技术要求	其他
1	闸门	潜孔式弧形闸门		
2	止水橡皮	顶止水采用两道，上部为P形圆头橡皮，下部为圆顶Ⅰ型橡胶转铰防射水封装置，侧止水为P形方头橡皮，底止水Ⅰ形条形橡皮	止水橡皮技术性能不能低于以下要求：硬度：60±5；拉伸强度：≥18MPa；拉断伸长率：≥450%；压缩永久变形（B型试样，70℃×22h）：≤40%；热空气老化（70℃×96h拉伸强度变化率）：−20%～10%；蒸馏水浸泡（70℃×96h）质量变化率：≤5%；黏合强度（试样宽度25mm）：≥6kN/m；脆性温度：≤−40℃；定伸应力100%为1.6～2.0MPa、200%为1.8～4.5MPa；压缩模量20%为5.5～6.0MPa、30%为5.6～6.0MPa、40%为6.2～6.8MPa	对于高水头闸门，采用适应高水头的其他型式和性能止水
3	止水压板	止水压板采用12Cr18Ni9不锈钢材料		不锈钢止水压板下料采用等离子数控切割
4	止水螺栓、螺母	止水螺栓、螺母均采用不锈钢，性能等级：A_2-70		
5	闸门门叶结构、支臂材料	结构件主材选用Q355B钢板和Q235B型钢。对高寒地区，其主材应提高性能，以满足特殊气候需要	主梁与支臂结合处、支臂两端部均需机加工，$Ra \leqslant 12.5\mu m$	主梁与支臂结合处、支臂两端部的机加工均采用数控镗铣床或龙门镗铣床
6	支铰材料	固定支铰与活动支铰材料力学性能不应低于铸钢ZG 310-570	固定支铰与埋件结合处、活动支铰与支臂结合处需机加工，$Ra \leqslant 12.5\mu m$	采用数控镗铣床
7	支铰轴承	采用主体材料为不锈钢或铜合金的自润滑球面滑动轴承		
8	联接螺栓	门叶与支臂、支臂与支铰间采用高强度螺栓（8.8级以上）连接		
9	闸门门叶制造的允许偏差	高度偏差	门叶尺寸：≤5000mm，±5.0mm； 门叶尺寸：5000～10000mm，±8.0mm	
		门叶宽度（侧止水座面）	+1mm； −2mm	侧止水座面采用立面铣床加工
		门叶厚度偏差	门叶尺寸：≤1000mm，±3.0mm； 门叶尺寸：1000～3000mm，±4.0mm	
		门叶对角线相对差	≤3mm	
		扭曲	≤2mm（在主梁与支臂结合处测）	
		门叶横向直线度	面板加工：≤1mm； 面板未加工：≤3mm	面板机加工采用数控镗铣床整节加工
		门叶纵向弧度与样尺的间隙	面板未加工：≤3mm； 面板加工：≤1mm	

续表

序号	名称	结构型式或性能指标	主要技术要求	其他
9	闸门门叶制造的允许偏差	两主梁中心距	±3.0mm	
		两主梁平行度	≤3.0mm	
		门叶底缘直线度	≤2.0mm	
		门叶底缘倾斜值	≤2mm	
		面板局部与样尺的间隙	面板未加工：≤3mm/m； 面板加工：≤1mm/m	
		侧止水座面平面度	≤2mm	
		吊耳孔中心线距离偏差	±2.0mm	
		支臂开口处弦长允许偏差	±2.0mm	
		直支臂侧面扭曲	≤2.0mm	
		两支铰轴孔的同轴度	≤0.5mm	
		支铰轴孔中心至面板外缘弧面半径的偏差	面板加工：单侧：±2mm，两侧相对差：≤1.0mm； 面板未加工：单侧：±3mm，两侧相对差：≤2.0mm	面板机加工采用数控镗铣床整节加工
		支臂与主梁组合处中心至支臂与支铰组合处中心的对角线相对差	≤2.0mm	
		组装时支臂端板连接面接触局部间隙	≤0.3mm，螺栓根部无间隙	
		相邻滑道衔接端的高低差	≤1.0mm	
10	门槽埋件材料	门槽外露表面均采用12Cr18Ni9不锈钢板，其他采用Q235B，对高寒地区，其主材应提高性能，以满足特殊气候需要	止水座板工作面粗糙度 $Ra \leq 3.2\mu m$	
11	埋件制造的允许偏差	工作面直线度	构件表面经过加工为构件长度的1/2000，且不大于1.0mm； 构件表面未经加工为构件长度的1/1500，且不大于3.0mm	
		工作面局部平面度	构件表面经过加工为每米范围不大于0.5mm，且不符合要求处不超过2处；构件表面未经加工为每米范围不大于1.0mm，且不符合要求处不超过2处	
		扭曲	长度小于3.0m的构件，应不大于1.0mm，每增加1.0m递增0.5mm，且最大不超过2.0mm	
		相邻构件组合处错位	加工面：≤0.5mm且平缓过渡； 未加工面：≤2.0mm且平缓过渡	
		顶止水座面平面度	≤2mm	

续表

序号	名称	结构型式或性能指标	主要技术要求	其他
12	闸门防腐	喷锌防腐，喷锌最小局部厚度为160μm。喷锌后喷涂封闭层、中间漆和面漆		
13	埋件防腐	埋入面采用水泥浆防护，水泥浆涂层厚度宜在300～800μm		

6.3.2 水库泄洪洞工作阀门

水库泄洪洞工作阀门一般有多喷孔套筒消能阀和固定锥形消能阀两种形式，其主要设备配置与主要技术要求见详见表6-2、表6-3。

表6-2　　多喷孔套筒消能阀设备配置与主要技术要求

序号	名称	结构型式和性能指标	主要技术要求
1	结构型式	多喷孔套筒消能阀	
2	阀体	阀体由法兰、连接管、支承座及相应的加强板等部件组成	1）阀体应采用钢板焊接或铸造的整体结构； 2）底座底面与底板接触面要加工光滑，表面粗糙度 $Ra \leqslant 6.3$； 3）阀体与活动套筒接触部位至少应采用06Cr18Ni10不锈钢或耐磨耐腐硬质合金，不锈钢应满足GB/T 4237的相关要求； 4）阀体焊接完成后，应采取可靠措施进行整体去应力处理； 5）阀体与活动套筒接触的表面粗糙度 $Ra \leqslant 1.6$
3	活动套筒	1）活动套筒与阀体接触部位至少应采用铝青铜合金或耐磨耐腐合金； 2）活动套筒密封部位至少应采用06Cr18Ni10不锈钢或耐磨耐腐硬质合金； 3）法兰、与阀体非接触部位的连接筒体及加强板等组件至少应采用06Cr18Ni10不锈钢	1）活动套筒焊接完成后，应采取可靠措施进行整体消应处理； 2）活动套筒与阀体接触的表面粗糙度 $Ra \leqslant 1.6$，密封部位的表面粗糙度 $Ra \leqslant 0.8$
4	阀轴	阀轴至少应采用06Cr18Ni10或综合性能更好的不锈钢	阀轴的表面粗糙度 $Ra \leqslant 1.6$
5	主密封副	活动套筒和阀体之间设有两层固定密封，主密封为金属密封，次密封为橡胶密封	金属密封采用不锈钢金属密封圈； 橡胶密封圈用调节压板和不锈钢螺钉固定在阀座上，橡胶密封圈必须是整圈的
6	滑动密封		滑动密封圈必须是整圈的，采用耐老化、寿命长的复合密封圈，至少保证套筒阀正常使用10年不需更换
7	阀轴密封		阀轴密封圈必须是整圈的，采用耐老化、寿命长的复合密封圈，至少保证套筒阀正常使用10年不需更换
8	电动传动装置	套筒阀传动装置应为电动式，并带有手动操作的手轮机构，传动装置应包括现地控制装置，能实现现地控制和遥控远方控制	
9	液压油缸	采用陶瓷活塞杆液压油缸	
10	液压装置	所有油泵、电动机、阀门、电气元器件、自动化元件均采用优质产品	

续表

序号	名称	结构型式和性能指标	主要技术要求
11	电气控制装置		系统采用冗余 CPU、冗余通信模件、冗余电源等冗余方案，所有的 I/O 模件、冗余通信模件、冗余 CPU、冗余电源属于同一系列同一档次产品。CPU 存储器应有内部电池或存储卡支持，保证数据不因工作电源消失而丢失，电池工作寿命不少于 2 年。PLC 在完成所要求的功能外，应有 20%以上的硬件裕量，包括过程信号输入/输出容量，内存容量等。 每套 PLC 配置一台 17 英寸彩色触摸屏，中文界面
12	附件	应根据套筒阀的结构提供满足运行 5 年的所有易损件作为备品备件	

表 6-3 **固定锥形消能阀设备配置与主要技术要求**

序号	名称	结构型式和性能指标	主要技术要求
1	结构型式	固定锥形消能阀	
2	阀体	阀体由法兰、连接管、支承座及相应的加强板等部件组成	1）阀体应采用钢板焊接或铸造的整体结构； 2）底座底面与底板接触面要加工光滑，表面粗糙度 $Ra \leqslant 6.3$； 3）阀体与活动套筒接触部位至少应采用 06Cr18Ni10 不锈钢或耐磨耐腐硬质合金，不锈钢应满足 GB/T 4237 的相关要求； 4）阀体焊接完成后，应采取可靠措施进行整体消应处理； 5）阀体与活动套筒接触的表面粗糙度 $Ra \leqslant 1.6$
3	活动套筒	1）活动套筒与阀体接触部位至少应采用铝青铜合金或耐磨耐腐合金； 2）活动套筒密封部位至少应采用 06Cr18Ni10 不锈钢或耐磨耐腐硬质合金； 3）法兰、与阀体非接触部位的连接筒体及加强板等组件至少应采用 06Cr18Ni10 不锈钢	1）活动套筒焊接完成后，应采取可靠措施进行整体消应处理； 2）活动套筒与阀体接触的表面粗糙度 $Ra \leqslant 1.6$，密封部位的表面粗糙度 $Ra \leqslant 0.8$
4	阀轴	阀轴至少应采用 06Cr18Ni10 或综合性能更好的不锈钢	阀轴的表面粗糙度 $Ra \leqslant 1.6$
5	主密封副	活动套筒和阀体之间设有两层固定密封，主密封为金属密封，次密封为橡胶密封	金属硬密封采用不锈钢金属密封圈； 橡胶密封圈用调节压板和不锈钢螺钉固定在阀座上橡胶，密封圈必须是整圈的
6	滑动密封		滑动密封圈必须是整圈的，采用耐老化、寿命长的复合密封圈，至少保证套筒阀正常使用 10 年不需更换
7	阀轴密封		阀轴密封圈必须是整圈的，采用耐老化、寿命长的复合密封圈，至少保证套筒阀正常使用 10 年不需更换
8	电动传动装置	套筒阀传动装置应为电动式，并带有手动操作的手轮机构，传动装置应包括现地控制装置，能实现现地控制和遥控远方控制	
9	液压油缸	采用陶瓷活塞杆液压油缸	

续表

序号	名称	结构型式和性能指标	主要技术要求
10	液压装置	所有油泵、电动机、阀门、电气元器件、自动化元件均采用优质产品	
11	电气控制装置		系统采用冗余 CPU、冗余通信模件、冗余电源等冗余方案，所有的 I/O 模件、冗余通信模件、冗余 CPU、冗余电源属于同一系列同一档次产品。CPU 存储器应有内部电池或存储卡支持，保证数据不因工作电源消失而丢失，电池工作寿命不少于 2 年。PLC 在完成所要求的功能外，应有 20%以上的硬件裕量，包括过程信号输入/输出容量，内存容量等 每套 PLC 配置一台 17 英寸彩色触摸屏，中文界面
12	导流装置	1）导流装置由法兰、连接筒及相应的加强板等部件组成，导流装置应采用钢板焊接或铸造的整体结构； 2）导流装置内部流道的形状应具有良好的水力特性，过流表面应光滑平整，以减小阀门运行时的水力振动	1）导流装置底座底面与底板接触面要加工光滑，表面粗糙度 $Ra\leqslant6.3$； 2）阀体焊接完成后，应采取可靠措施进行整体消应处理
13	补气装置	1）应根据工程的布置和需要确定是否需要提供补气装置； 2）补气装置由法兰、补气管道及相应的阀门等部件组成，法兰和补气管道应采用焊接或铸造的整体结构； 3）补气装置至少应采用 Q355B 低合金高强度结构钢板	
14	附件	应根据锥形阀的结构提供满足运行 5 年的所有易损件作为备品备件	

6.3.3 水库泄洪洞工作闸门启闭机

水库泄洪洞工作闸门启闭机可选用固定卷扬式启闭机或液压启闭机。如选用固定卷扬式启闭机，其安全制动器的安全系数按额定启闭荷载计算的总制动力矩计算，应不小于 1.5，其他主要技术要求与上水库进/出水口事故闸门启闭机主要技术要求相同，详见 3.3.3。采用液压启闭机时，其主要设备配置与主要技术要求见详见表 6-4。

表 6-4　　水库泄洪洞工作闸门启闭机设备配置与主要技术要求

序号	名称	结构型式或性能指标	主要技术要求
1	启闭机	液压启闭机	
2	液压泵站	泄洪洞采用一台启闭机设一个液压泵站。泵站设两套油泵电动机组，启、闭门时一台工作，另一台备用；当一台发生故障时，另一台备用泵组能自动投入使用	
3	油泵电动机组	油泵选用手动变量轴向柱塞泵；电动机应按照 IEEE 标准为整体封闭的、不通气的结构，电动机 TH 处理	油泵额定压力不低于 35MPa；电动机绝缘等级为 F 级，防护等级不低于 IP55；液压泵站动力电源为 AC 380V，50Hz
4	液压油	应选用 YB-N46 抗磨液压油	清洁度应符合 NAS 1638 中规定的 8 级精度
5	液压阀	关键液压阀均应符合 DIN 或 ANSI 标准	所有电磁阀应带 1 对输出触点，用于控制阀的电磁铁应为 F 级绝缘，直流 24V，线圈的连接端子为螺纹式

续表

序号	名称	结构型式或性能指标	主要技术要求
6	液压附件	压力控制器、压力表、精滤器、高压软管、球阀、测压接头、油压变送器、油位控制器、油温控制器等采用性能先进的元器件	
7	液压缸支承型式	油缸中部支承，中部与机架支承座连接为十字铰转动支座，可以使油缸双向摆动，以消除启闭机由于制造与安装误差对油缸运行产生的不利影响。支座轴承采用自润滑滑动轴承	
8	液压缸	缸体应优先采用无缝钢管制作，材质应符合或相当于GB/T 699的45号钢或Q355B，缸体机械性能应达到GB/T 699或GB/T 1591的中规定的正火热处理后性能指标要求。当采用分段焊接时，缸体焊缝部位应经高温回火处理，焊缝按二级焊缝要求，100%焊缝长度进行超声波探伤及外观检查合格，并符合JB 1151的规定	液压缸内径表面加工推荐采用珩磨，粗糙度 Ra 应不大于GB/T 1031规定的0.4μm，要求具有明显的网状花纹。缸体内径尺寸公差应不低于GB/T 1801规定的h8。缸体内径圆度公差应不低于GB/T 1184中8级。内表面母线的直线度公差应不大于1000：0.2，且在缸体全长上不大于0.3mm。缸体端面圆跳动公差应不低于GB/T 1184中8级。缸体端面与缸体轴线垂直度公差应不低于GB/T 1184中7级
9	上、下端盖及油缸十字铰轴	油缸的上、下端盖及油缸十字铰轴材料优先选用45钢整体锻件，其机械性能不低于JB/T 6397中45钢正火后的技术性能；或选用合金铸钢ZG35CrMo，其机械性能不低于ZG35CrMo调质后的技术性能，其材料均按GB/T 6402中规定的Ⅱ级进行100%超声波探伤	缸盖与相关件配合处的圆柱度公差应不低于GB/T 1184中8级，同轴度公差应不低于7级；缸盖与缸体配合的端面与缸盖轴线垂直度公差应不低于GB/T 1184中7级；端面圆跳动公差应不低于GB/T 1184中8级
10	活塞	活塞材料性能应不低于GB 699中45钢，采用减摩环或导向带导向	减摩环外径尺寸公差应不低于GB/T 1800中的f7，外径圆柱度公差应不低于GB/T 1184中8级，外径对内径的同轴度公差应不低于GB/T 1184中8级；活塞减摩环或导向带外圆表面粗糙度应 Ra 不大于GB/T 1031中0.4μm
11	活塞杆	活塞杆材料应采用整段材料制作，活塞杆材料性能应不低于GB 699中45钢正火处理后的性能。活塞杆采用喷涂陶瓷防腐	活塞杆导向段外径尺寸公差应不低于GB/T 1801中的f7，圆度公差应不低于GB/T 1184中8级，母线的直线度公差应不大于1000：0.1，且在全长上不大于0.25mm；与活塞接触的活塞杆端面对轴心线垂直度公差应不低于GB/T 1184中7级；活塞杆两端螺纹采用GB/T 197中的6级精度；活塞杆导向段外径表面粗糙度 Ra 应不大于GB/T 1031中0.25μm
12	活塞杆吊耳	活塞杆吊头材料采用整体锻件，其机械性能不低于JB/T 6397中45钢正火后的技术性能，吊头材料均按GB/T 6402中规定的Ⅱ级进行100%超声波探伤	
13	自润滑球面轴承	吊头与闸门吊耳采用主体材料为不锈钢或铜合金的自润滑球面轴承连接	
14	密封件	所有动密封与静密封件的耐压为31.5MPa；陶瓷活塞杆的动密封件应选用适应陶瓷活塞杆的专用密封；密封件应便于安装和调整	
15	活塞杆导向带	导向套材料需与陶瓷活塞杆相配，选用非金属导向套或导向带，抗水性和抗油性优良	
16	油管和管接头	油管及管接头的材料采用耐腐蚀性能、力学性能不低于GB/T 3091中的12Cr18Ni9的不锈钢的性能，油管应为无缝钢管	
17	行程检测装置	行程检测装置采用与陶瓷活塞杆相配套的无接触型行程检测传感器，或采用内置于液压缸内绝对型输出信号行程传感器。与陶瓷活塞杆相配套的行程检测传感器优先采用绝对型输出信号传感器，当采用增量型输出信号传感器时，电气控制系统应根据启闭机的运行要求配置容量足够的不间断电源	输出十六位雷码信号，检测精度不低于±1mm；具有优良的抗外界干扰能力，其防护等级不低于IP65

续表

序号	名称	结构型式或性能指标	主要技术要求
18	行程限位开关	防护等级不低于 IP65	
19	控制屏	屏体为钢支架金属外壳封闭式结构，能独立支撑	屏高为 2260mm(其中 60mm 为屏檐)，屏体用防锈涂层保护；屏内应设置一套防潮电加热器，并带有自动温控保护装置，容量为 100～200W；指示灯和信号灯要求为 LED；控制屏的防护等级应不低于 IP54
20	PLC 控制设备		系统采用冗余 CPU、冗余通信模件、冗余电源等冗余方案，所有的 I/O 模件、冗余通信模件、冗余 CPU、冗余电源属于同一系列同一档次产品。CPU 存储器应有内部电池或存储卡支持，保证数据不因工作电源消失而丢失，电池工作寿命不少于 2 年。PLC 在完成所要求的功能外，应有 20%以上的硬件裕量，包括过程信号输入/输出容量，内存容量等
21	触摸屏		每套 PLC 配置一台 17 英寸彩色触摸屏，中文界面
22	压力传感器	压力传感器应有一个带螺纹电线插孔的防水密闭罩壳，防护等级应为 IP57；传感器工作电压直流 24V，模拟量输出电流 4～20mA，最大压力不低于 40MPa	
23	压力控制器	压力控制器应有一个带螺纹型电线插孔的防尘防水密闭罩壳，防护等级应为 IP57；压力控制器应带模拟量输出和 2 对开关量接点，其触点接断容量：交流 220V，持续电流不小于 5A	
24	启闭机在线监测设备		对启闭机及液压泵进行振动监测，并对其运行状态进行评估
25	闸门在线监测设备		对闸门主梁、支臂等主要构件的应力、流激振动、支铰轴的运行状态和闸门运行状态进行在线监测，并对其进行安全性评估

6.3.4 水库泄洪洞事故闸门

水库泄洪洞事故闸门可选用平面滑动闸门或平面定轮闸门，闸门锁定装置不需远控，采用不带电动推杆、人工操作的翻板或简支梁锁定装置。平面滑动闸门及门槽其他主要技术要求均与上水库进/出水口事故闸门相同，详见 3.3.2。平面定轮闸门主要设备配置与主要技术要求见详见表 6-5。

表 6-5　　水库泄洪洞事故闸门

序号	名称	结构型式或性能指标	主要技术要求	其他
1	闸门	潜孔式平面定轮闸门		
2	止水橡皮	顶、侧水封为圆头 P 形橡皮，底水封为条形橡皮	止水橡皮技术性能不低于以下要求：硬度：60±5；拉伸强度：≥18MPa；拉断伸长率：≥450%；压缩永久变形（B 型试样，70℃×22h）：≤40%；热空气老化（70℃×96h 拉伸强度变化率）：−20%～10%；蒸馏水浸泡（70℃×96h）质量变化率：≤5%；黏合强度（试样宽度 25mm）：≥6kN/m；脆性温度：≤−40℃；定伸应力 100%为 1.6～2.0MPa、200%为 1.8～4.5MPa；压缩模量 20%为 5.5～6.0MPa、30%为 5.6～6.0MPa、40%为 6.2～6.8MPa	对高水头闸门，采用适应高水头其他型式和性能的止水橡皮

续表

序号	名称	结构型式或性能指标	主要技术要求	其他
3	闸门门叶结构	结构件主材选用Q355B钢板和Q235B型钢。对高寒地区，其主材应提高性能，以满足特殊气候需要		
4	闸门主支承	定轮支承	定轮主材力学性能不低于35CrMo材料锻件，轮轴采用45号优质碳素钢或优质合金钢	
5	定轮轴承	采用主体材料为不锈钢或铜合金的自润滑滑动轴承或滚动轴承	如采用滚动轴承，应设密封装置	
6	闸门螺栓	滑块及止水螺栓均采用不锈钢螺栓，性能等级：A_2-70		
7	闸门门叶制造的允许偏差	门叶宽度和高度偏差	宽度偏差：±5.0mm； 高度偏差：±8.0mm	
		门叶厚度偏差	±3.0mm	
		门叶对角线相对差和扭曲	对角线相对差：≤4.0mm； 扭曲：≤2.0mm	
		门叶横向直线度	凸向迎水面：≤4.0mm； 凸向背水面：≤3.0mm	
		门叶竖向直线度	凸向迎水面：≤4.0mm； 凸向背水面：≤3.0mm	
		门叶底缘直线度	≤2.0mm	
		门叶底缘倾斜值	≤2.0mm	
		面板局部平面度	≤3.0mm/m	
		两边梁底缘平面的平面度	≤2.0mm	门叶两边梁底缘需采用立面铣床整体加工
		止水座面平面度	≤2.0mm	止水座面采用平面铣床整体加工
		止水座板工作面至滚轮工作面的距离	±1.0mm	
		吊耳孔中心线距离偏差	±2.0mm	
		吊耳孔同轴度	≤1.5mm	采用数控镗铣床整体镗孔
		所有滚轮平面度	≤2.0mm	
8	门槽埋件	门槽埋件外露表面均采用12Cr18Ni9不锈钢板，主轨采用力学性能不低于ZG0Cr13Ni5Mo的不锈钢，其他采用Q235B，对高寒地区，其主材应提高性能，以满足特殊气候需要	滑道工作面需机加工达到$Ra \leq 3.2\mu m$；止水座板工作面为$Ra \leq 3.2\mu m$	

续表

序号	名称	结构型式或性能指标	主要技术要求	其他
9	埋件制造的允许偏差	工作面直线度	构件表面经过加工为构件长度的 1/2000，且不大于 1.0mm； 构件表面未经加工为构件长度的 1/1500，且不大于 3.0mm	
		工作面局部平面度	构件表面经过加工为每米范围不大于 0.5mm，且不符合要求处不超过 2 处；构件表面未经加工为每米范围不大于 1.0mm，且不符合要求处不超过 2 处	
		扭曲	长度不大于 3.0m 时，不大于 1.0mm，每增加 1.0m 递增 0.5mm，且不大于 2.0mm	
		止水座板与轨道面板的局部间隙	止水座板与轨道面板的局部间隙：≤0.5mm，每段长度不大于 100mm，累计长度不大于全长的 15%	
		主轨轨面与止水板工作面距离偏差	±0.5mm	
		轨面中心与止水板中心距离偏差	±2.0mm	
		相邻构件组合处错位	加工面：≤0.5mm 且平滑过渡； 未加工面：≤2.0mm 且平滑过渡	
10	闸门防腐	喷锌防腐，喷锌最小局部厚度为 160μm。喷锌后喷涂封闭层、中间漆和面漆		
11	埋件防腐	埋入面采用水泥浆防护，水泥浆涂层厚度宜在 300～800μm		

6.3.5　水库泄洪洞事故闸门启闭机

水库泄洪洞事故闸门启闭机为固定卷扬式启闭机，设置两套工作制动器，不设置安全制动器，其他主要技术要求与上水库进/出水口事故闸门启闭机相同，详见 3.3.3。

第 7 章　桥 式 起 重 机

7.1　设备选型原则

抽水蓄能电站主厂房内主要起吊大件包括发电机转子、定子、下机架、转轮、顶盖、进水阀等。考虑主桥机运行的灵活性和可靠性，推荐主厂房内采用两台单小车电动双梁桥式起重机。为便于起吊质量较轻的部件，在每台桥机大梁上布置一台额定起重量 10t 的电动葫芦。

桥机的主、副钩极限尺寸、起吊高度等性能参数应结合厂内起吊进水阀、发电机定（转）子、下机架、转轮等重大件及其他机电设备的需要后确定。桥机主梁结构应有良好的刚强度，在额定负荷下其上拱度和下挠度应符合相关规程规范要求。桥机起升机构与走行机构均采用数字式变频调速方式。

为满足 GIS 室电气设备安装和检修吊运需要，设置一台电动单梁桥式起重机，不设司机室，采用地面遥控操纵方式。

在尾水闸门室顶部布置1台桥机，供尾水闸门室事故闸门及液压启闭机安装、检修使用，桥机采取现地操作方式。尾水闸门室检修桥机起升机构与走行机构主要技术要求与移动式启闭机的起升机构与走行机构主要技术要求相同，详见表4-1。

所有电动机能效水平应满足GB 18613、项目节能评估报告的相关要求。

7.2 主要技术参数和技术要求

7.2.1 主厂房桥式起重机

主厂房桥式起重机主要技术参数及要求见表7-1。

表7-1 **主厂房桥式起重机主要技术参数及要求**

设备名称	单小车电动双梁桥式起重机		
主要性能参数	额定起重量	在考虑两台桥机联合吊运机电设备最重件（发电机转子），加上平衡梁及相关吊具质量之后的基础上，参考起重机系列的标准起重量确定（应留有一定安全裕度）	
	轨道中心距	根据厂房具体布置尺寸确定	
	吊钩极限尺寸与起吊高度	根据厂房具体布置尺寸及设备吊运需要确定	
	电源	三相四线制交流电；50Hz，380V	
	起升速度	主钩	0.2～2.0m/min
		副钩	0.4～4.0m/min
		电动葫芦	0.8～8.0m/min
	行走速度	大车	2～20m/min
		小车	1.2～12m/min
		电动葫芦	20m/min
	噪声	厂房内无其他噪声干扰情况下，在司机室座位上测量其噪声指标不大于70dB(A)；在发电机层地面上测量，起重机的噪声应不大于75dB(A)	
主要结构型式与技术要求	主要部件名称	技术要求	
	桥架	桥架应采用双梁箱形结构，桥架材料强度应不低于Q355B。主梁采用整根梁结构，与端梁采用高强度螺栓连接；端梁采用铰接连接。主梁和端梁的最小钢板厚度不低于8mm，中、厚钢板均采用数控切割下料。主梁盖板和腹板的对接焊缝、盖板的对接焊缝和高应力部件或关键部件的焊缝均进行100%无损探伤，焊缝质量应达到GB/T 3323标准规定的Ⅱ级（射线探伤）或JB/T 10559标准规定的Ⅰ级要求（超声波探伤）；桥架与机构连接铰处在桥架拼装后整体划线、用移动式镗床整体加工。主梁内部应设置多道隔板、纵向加筋等形成网格结构保证结构整体稳定性。 桥架应能安全承受1.5倍的额定起重量的静荷载试验，不产生永久变形，卸载后桥架上拱度不小于0.7*S*/1000（*S*为桥机跨度），最大上拱度应控制在跨中*S*/10的范围内。主梁的下挠度应不大于*S*/1000。主腹板与受压翼缘板的连接采用T型钢结构。 主小车架采用刚性框架焊接结构（包括两根端梁、一根运行机构梁、一根上滑轮梁、减速器梁、电动机梁、平台和走台等），其主材料强度不低于Q355B，最小钢板厚度不低于8mm。小车架以及小车架上的所有设备基础（电动机底座、制动器底座、减速器底座等）和连接孔均在装焊后划线并整体加工、镗孔。小车架端梁盖板、腹板的对接焊缝必须进行100%的无损探伤检验，焊缝质量应达到GB/T 3323标准规定的Ⅱ级（射线探伤）或JB/T 10559标准规定的Ⅰ级要求（超声波探伤）；小车轨道采用把接头焊为一体的整根轨道。 桥架内电气设备室完全封闭，以隔离室外灰尘和潮气。电气梁内安装具有除湿功能的吊顶式分体无水空调	
	司机室	司机室采用封闭式结构，并配一台壁挂式变频冷暖空调器。司机室的净空尺寸长不小于2.2m，宽不小于1.8m，高不小于2.0m。司机室的骨架由轧制的型钢和冲压的薄钢板焊成，地板表面用优质木板铺设。司机室配有铝合金移窗，其下部设有视野较宽的固定式底窗。司机室采用钢化玻璃，其内设置舒适可调的座椅、壁挂式小型文件柜、门锁、灭火器和警报器等。司机室内宜设置视频监控显示器和摄像头	

设备名称	单小车电动双梁桥式起重机	
主要结构型式与技术要求	起升机构	起升机构采用交流变频调速方式，具有1∶10无级调速性能。卷筒采用强度不低于Q355B的钢板卷焊而成。钢丝绳在卷筒上采用压板固定方式，具有防松或自紧的性能。卷筒与减速器低速轴之间采用联轴器直连方式。卷筒短轴支撑基础与卷筒体焊为一体后整体加工。 减速器采用硬齿面齿轮传动，各级传动的承载能力应大致相等。减速器采用封闭式油浴润滑型式。齿轮、齿轮轴采用锻件，其材料和调质硬度符合JB/T 8905.2规定，并进行无损检测。 滑轮采用轧制轮缘滑轮，滑轮体材料强度不低于Q355B，轮毂材料不低于35号锻钢。滑轮槽光洁平滑，不得有损伤钢丝绳的缺陷。滑轮上均设置滑轮罩，防止钢丝绳跳出滑轮槽。滑轮轴承采用滚动轴承。钢丝绳安全系数应不小于5，当载荷由很多根钢丝绳承受时，应设有使各根钢丝绳受力均衡的装置。 起升机构的制动为支持制动和控制制动并用。支持制动采用常闭液压式制动，控制制动采用电气制动，在每一套独立驱动电动机的高速轴上应设置两套液压式制动装置，其中一套为工作制动器，另一套为辅助制动器。另外，在起升机构的卷筒端板上设置液压盘式安全制动器，其安全系数不小于1.75。制动器的各操纵部位应具有防滑性能。制动器应有符合操作频率的热容量，且有对制动摩擦垫片的磨损应有自动补偿能力和松闸显示功能
	走行机构	大、小车车轮材料不低于65Mn锻钢，车轮满足JB/T 6392规定的锻造车轮要求，且均采用双轮缘车轮。车轮踏面直径的精度不低于GB/T 1801～GB/T 1804规定的h9，装配后车轮基准端面的圆跳动不低于GB/T 1182、GB/T 1184中的9级。车轮进行热处理，其硬度符合：踏面和轮缘内侧面硬度（HB）：≥380；最小淬硬层深度：≥15mm；最小淬硬层深度的硬度（HB）：≥260。 大车运行机构由减速器、车轮、车轮平衡架、平衡架铰等组成，车轮与平衡架之间采用45°斜剖分连接。 小车运行机构各润滑点采用集中润滑方式。润滑方式采用递进式分配原理，润滑系统设置超压报警和油位报警，同时将润滑系统工作状态送监控系统并在司机室内视频监控显示器显示。 运行机构的制动为支持制动和控制制动并用，宜采用三合一结构。控制制动采用电气式制动，支持制动采用常闭液压式制动。当运行机构起动时主动轮应不打滑，制动应平稳可靠。制动引起的大小车运行机构的平均线加（减）速度不大于0.1m/s^2。制动距离应不大于1min内稳定运行距离的1/10。为防止大车啃轨现象，应设有大车控制纠偏功能
	轴类零件	所有轴类零件必须进行冶炼分析或坯料取样分析； 所有轴类零件必须进行硬度检验； 所有轴类零件必须进行无损检验，其中： 1）起升机构所有的轴类零件进行超声波检验和磁粉检验，超声波检验达到A级要求； 2）运行机构所有直径大于80mm的轴类零件应进行超声波检验和磁粉检验，超声波检验达到B级要求； 3）运行机构所有直径不大于80mm的轴类零件应进行磁粉检验； 4）起升机构直径大于80 mm的轴类零件必须做拉伸试验和冲击吸收能量检验
	电气设备	桥机控制系统应采用国际先进品牌的可编程控制器。桥机的运行机构和起升机构均选择进口优质变频电动机。当采用恒功率调速运转时，在100Hz频率下工作时，电动机的输出转矩不应小于1/2额定转矩。在额定电压下电动机的起动电流不大于额定电流的2倍；在85%额定电压下电动机应能正常起动、可靠地工作和进行各项试验。电动机外壳防护等级不低于IP54，绝缘等级F级。 桥机起升机构及走行机构的电气传动系统均采用全数字交流变频调速，闭环矢量控制。变频器采用质量可靠、高品质的起重机专用变频器，防潮能力强，具有电动机参数自适应、制动单元和制动电阻制动和电容滤波等功能，由AC进线电抗器等部件组成
	保护装置	机械保护：起升机构设置超载限制器，系统精度不低于1%。起升机构设置上升（下降）极限位置限制器，走行机构设置行程限位器。大车运行机构设置设扫轨板。大车、小车运行机构设置缓冲器。 电气保护：应包含主隔离开关、紧急断电开关、线路保护、错相和缺相保护、电动机热过载、过电流保护、零位保护、失压保护、超速保护、接地故障保护、瞬时掉电保护、联锁保护装置（进入桥机的门打开时，运行机构不能开动）等

续表

设备名称	单小车电动双梁桥式起重机	
主要结构型式与技术要求	并车装置	桥机采用电气同步和可靠的机械连锁方式。并联运行时，两台桥机的大车运行机构、小车运行机构、主起升机构及相应的制动系统应保证同步。当两台桥机作并联运行时，在司机室内操作控制台上既可分别操作又可以联合操作两台桥机，并能够设置其中任一台为主车，在主车上可完成主车操作、他车操作和并车操作。并车后应允许在负载情况下对两台桥机中的任意一台进行单独调整。 联合起吊负载就位时，每起升（下降）1m两台桥机主起升机构之间的起升（下降）高度偏差不能大于10mm
	防腐和涂漆	桥机大梁、端梁、小车横梁等主要钢结构件，在涂装前应进行表面抛丸除锈预处理，除锈等级应符合GB/T 8923规定的清洁度$Sa2.5$级，使用照片目视对照评定。除锈后，表面粗糙度应达到40～80μm。 涂漆选用优质涂料，漆膜附着力应符合GB/T 9286规定的一级质量要求。涂装道数及厚度如下： 底漆　　环氧富锌底漆二道，干膜总厚度为80μm； 中间漆　环氧云铁防锈漆，干膜厚度为40μm； 面漆　　丙烯酸聚氨酯，干膜厚度为35μm×2

7.2.2 GIS室桥式起重机

GIS室桥式起重机主要技术参数及要求见表7-2。

表7-2　GIS室桥式起重机主要技术参数及要求

设备名称	电动单梁桥式起重机	
主要性能参数	操作方式	无司机室、地面遥控操纵
	额定起重量	根据吊运电气设备最重件确定
	轨道中心距	根据厂房具体布置尺寸确定
	吊钩极限尺寸与起吊高度	根据厂房具体布置尺寸及电气设备吊运需要确定
	电源	三相四线制交流电：50Hz，380V
	起升速度	0.8～8.0m/min
	行走速度	20m/min
主要结构型式与技术要求	主要部件名称	技术要求
	桥架	桥机应能安全承受1.5倍额定起重量的静载荷，卸载后桥架实际上拱度不小于$0.7S/1000$（S为桥机跨度），最大上拱度应控制在跨中$S/10$的范围内。起重机主梁的下挠度应不大于$S/1000$
	起升及走行机构	制动引起的桥机运行机构平均线加（减）速度不大于$0.1m/s^2$。桥机运行机构应做打滑验算，当起动或制动时，主动轮不应打滑。运行机构应运行平稳、均匀，不得有啃轨和摆动现象。 吊钩采用锻造，材料应采用GB/T 10051.1～GB/T 10051.5规定的吊钩专用钢，吊钩应设置防止吊物意外脱钩的保险装置
	电气设备	桥机控制系统应采用可编程控制器；电动机外壳防护等级不低于IP54，绝缘等级F级

续表

设备名称	电动单梁桥式起重机	
主要结构型式与技术要求	保护装置	机械保护：起升机构设置上升极限位置限制器，走行机构设置行程限位器、缓冲器等。 电气保护：应包含紧急断电开关、错相和缺相保护、电动机过电流、热过载保护、零位保护、失压保护、接地故障保护等
	防腐和涂漆	桥机大梁等主要钢结构件，在涂装前应进行表面抛丸除锈预处理，除锈等级应符合 GB/T 8923 规定的清洁度 *Sa*2.5 级，使用照片目视对照评定。除锈后，表面粗糙度应达到 40～80μm。 涂漆选用优质涂料，漆膜附着力应符合 GB/T 9286 规定的一级质量要求。涂装道数及厚度如下： 底漆　环氧富锌底漆二道，干膜总厚度为 80μm； 中间漆　环氧云铁防锈漆，干膜厚度为 40μm； 面漆　丙烯酸聚氨酯，干膜厚度为 35μm×2

第 8 章　压力钢管与钢岔管

8.1　主要设计原则

8.1.1　压力钢管

1. 布置原则

根据输水系统沿线地形地质条件、布置条件、管道设计水头与最小围岩覆盖厚度，遵照国网新源控股有限公司相关规定，抽水蓄能电站引水、尾水隧洞采用的钢板衬砌及钢衬长度考虑以下基本原则：

1）引水洞中平段（含）以下洞段应采用钢板衬砌，对于地质条件差的引水洞，宜全部采用钢板衬砌；对于低水头电站，厂前钢管的长度不应少于该钢管最大设计水头的 0.2 倍。

2）尾水支洞钢衬段应结合地下厂房系统下游侧防渗帷幕的布置，满足钢衬长度穿越防渗帷幕并留有适当的裕度。

2. 管型设计原则

抽水蓄能电站引水与尾水隧洞钢衬管型设计考虑以下基本原则：

1）引水支洞与机组进水阀对接部位压力明钢管及厂房上游边墙跨缝管节，按厂内明管设计。

2）引水支洞靠近地下厂房上游边墙 20～30m 范围内管段，应考虑地下厂房爆破开挖形成的围岩松动圈的影响，压力钢管按不考虑围岩承载的地下埋管设计，即围岩单位弹性抗力 $K_0=0$ 设计。

3）引水隧洞其他部位的压力钢管按照地下埋管设计，围岩单位弹性抗力 K_0 根据野外试验分析结果合理确定。

4）尾水支洞上部受主厂房、主变洞、母线洞以及尾水闸门室等大型地下洞室群的爆破开挖影响，岩壁厚度较小，尾水支洞压力钢管按不考虑围岩承载的地下埋管设计，即围岩单位弹性抗力 $K_0=0$。

3. 材质选型原则

压力钢管材质主要根据压力钢管管径以及最大设计内水压力，即管道的 PD 值进行选型，选型主要考虑以下原则：

1）可供选择的材质主要有 Q355-C、D 或 Q390-C、D 级低合金结构钢、Q355R、Q370R 或 Q420R 锅炉和压力容器用钢板以及 600MPa 和 800MPa 级高强钢。PD 值较大者，一般相应选取材料等级较高的钢材。

2）考虑到尾水支洞内水压力及管道 PD 值较小，一般多选择 Q355-C、D 或 Q390-C、D 级低合金高强度结构钢、Q355R、Q370R、Q420R 锅炉和压力容器用钢板。

3）对于高压管道，可根据管道最大设计内水压力，分段选用不同材质的钢材，但一般不宜超过两种（岔管除外）。

4）为了降低钢管卷板、加工及制造难度，降低钢管卷板过程中弯曲应力，减小塑性变形，选择压力钢管材质时，钢管壁厚通常不宜超过 60mm，月牙钢肋岔管肋板厚度不宜超过 150mm，钢管内径与壁厚比不宜小于 60，且两种材质应具有较好的焊接性能；采用更厚的板厚时，应进行专题研究。

5）若采用 Q355R 钢材，当计算管壁厚度大于 38mm 时，宜采用 600MPa 级钢材；当计算管壁厚度大于 48mm 时，宜采用 800MPa 级钢材。

6）加劲环、止推环以及阻水环等压力钢管附属结构，一般可采用 Q355 或 Q390-C、D 级低合金高强度结构钢、Q355R、Q370R、Q420R 锅炉和压力容器用钢板或与钢管母材相同的材料。

8.1.2 钢岔管

1. 布置原则

根据岔管布置区地形地质条件、布置条件、设计水头、围岩地应力与覆盖厚度，遵照国网新源控股有限公司相关规定，抽水蓄能电站高压岔管采用地下埋藏式钢岔管时应考虑以下基本原则：

1）高压岔管应采用钢岔管。

2）对于设计内水压力大，岔洞 PD 值较高的钢岔管，宜优先采用结构受力条件与水力条件较好的对称 Y 型钢岔管。

2. 管型设计原则

1）地下埋藏式钢岔管管型按地下埋管进行设计，围岩单位弹性抗力 K_0 根据野外试验分析结果合理确定，钢岔管的平均围岩分担率不宜大于 30%。

2）考虑围岩分担内水压力设计的地下埋藏式岔管应满足明管准则。

3. 材质选型原则

同压力钢管材质选型原则，详见 8.1.1。

此外，如需采用 1000MPa 级高强钢，应先研究其性能，再确定相应的焊接方式、焊后消除残余应力处理工艺等。

4. 结构选型原则

按照不同的结构型式，钢岔管主要分为三梁钢岔管、月牙肋钢岔管、球形钢岔管、无梁钢岔管和贴边钢岔管等几种型式。大型抽水蓄能电站高压引水岔管通常选用月牙肋钢岔管，对于低水头、小容量的抽水蓄能电站，可考虑选用其他几种钢岔管型式。

8.2 材质技术指标及设备运行要求

8.2.1 材质技术指标要求

钢管所用钢材的技术要求应符合现行国家标准或行业标准，当采用 NB/T 35056 未列出的其他牌号钢材或满足国外标准的钢材时，其化学成分、力学性能及焊接性能应优于现行国家标准中同级别钢材的各项指标，其中 800MPa 级高强钢，材料主要技术指标应满足表 8-1～表 8-3 的要求。

表 8-1　钢碳当量（CEV）和焊接裂纹敏感性指数（P_{cm}）

钢材牌号	碳当量 CEV(%)	焊接裂纹敏感性指数 P_{cm}(%)
800MPa 级	≤0.49	≤0.25

注 1. CEV 计算公式参照 GB/T 16270—2009："CEV=C+Mn/6+(Cr+Mo+V)/5+(Ni+Cu)/15。"

2. Pcm 计算公式参照 GB/T 19189—2011："P_{cm}=C+Si/30+Mn/20+Cu/20+Ni/60+Cr/20+Mo/15+V/10+5B(%)。"

8.2.2 运行要求

1）加强安全监测，定期巡视检查，做好监测记录，发现问题及时汇报；

2）压力钢管与岔管的充水和放水，必须严格控制充水和放水速率，分水头逐段进行，待稳定经实时监测确认无异常后，方可继续进行下一级水头段充水试验，其中充水速率不应大于 5m/h，放水时水位下降速率不应大于 2m/h。

表 8-2　钢化学成分表

钢材牌号	化学成分（%）														
	C	Si	Mn	P	S	Cr	Ni	Mo	V	Nb	Cu	Ti	N	B	Alt
800MPa 级	≤0.14	≤0.55	≤1.50	≤0.015	≤0.015	≤0.80	1.20～2.00	≤0.60	≤0.05	—	—	—	—	≤0.005	—

表 8-3　钢物理力学性能指标表

钢材牌号		交货状态	拉伸试验				夏比（V 型）冲击试验				180°冷弯试验	
			取样方向	抗拉强度（MPa）	屈服强度（MPa）	伸长率（%）	取样方向	试验温度（℃）	冲击功（J）	时效后冲击功（J）	取样方向	弯心直径
800MPa 级	≤50mm	调质	横向	780～930	≥685	≥20	纵向	−40	≥47	≥34	横向	$d=2a$①
	>50mm			760～910	≥665							

① a 为钢板试样厚度。

8.3 设备主要技术参数

8.3.1 压力钢管

压力钢管主要技术参数见表 8-4。

表 8-4　　压力钢管主要技术参数

序号	名称	结构型式或性能指标	备注
1	断面型式	圆形	
2	壁厚裕量	2.0mm	
3	抗稳压稳定型式	加劲环	
4	抗外压稳定最小安全系数	1.8	
5	外排水方式	上部排水廊道+钢管贴壁排水	
6	始端防渗方式	帷幕灌浆+阻水环	
7	内壁防腐	表面除锈与处理等级满足 GB/T 8923.1—2011 规定的 S2.5 级，表面粗糙度 40～70μm，涂层采用超厚浆型无溶剂耐磨环氧漆，底、面漆厚各 400μm	
8	外壁防腐	表面除锈与处理等级满足 GB/T 8923.1—2011 规定的 S2.0 级，涂层采用不含苛性钠水泥浆或无机改性水泥浆，干膜厚 300～500μm	
9	管口平面度	钢管内径 $D \leqslant 5.0$m，极限偏差 2.0mm； 钢管内径 $D>5.0$m，极限偏差 3.0mm	
10	钢管实测与设计周长差	任意板厚，±3D①/1000，且极限偏差±24mm	
11	圆度	≤3D/1000，最大不大于 30mm	
12	焊缝无损探伤	采用射线探伤，碳素钢与低合金钢一、二类焊缝无损探伤抽查率分别不应低于 25%和 10%，高强钢不应低于 40%和 20%；采用超声波探伤，碳素钢与低合金钢一、二类焊缝无损探伤抽查率分别不应低于 100%和 50%，高强钢则均不应低于 100%	

① D 为钢管内径（mm）。

8.3.2 钢岔管

钢岔管主要技术参数见表 8-5。

表 8-5　　钢岔管主要技术参数

序号	名称	结构型式或性能指标	备注
1	岔管型式	月牙肋钢岔管	
2	分岔角	55°～90°	
3	内壁防腐	表面除锈与处理等级满足 GB/T 8923.1—2011 规定的 S2.5 级，表面粗糙度 40～70μm，涂层采用超厚浆型无溶剂耐磨环氧漆，底、面漆厚各 400μm	
4	外壁防腐	表面除锈与处理等级满足 GB/T 8923.1—2011 规定的 S2.0 级，涂层采用不含苛性钠水泥浆或无机改性水泥浆，干膜厚 300～500μm	
5	壁厚裕量	2.0mm	
6	相邻管节壁厚差	≤4.0mm	
7	肋板 Z 向性能指标	板厚 $\delta<35$mm，不做要求； 板厚 35mm$\leqslant\delta<$70mm，GB/T 5313 规定的 Z15； 板厚 70mm$\leqslant\delta<$110mm，GB/T 5313 规定的 Z25； 板厚 110mm$\leqslant\delta<$150mm，GB/T 5313 规定的 Z35	
8	抗稳压稳定型式	加劲环	
9	抗外压稳定最小安全系数	1.8	
10	外排水方式	上部排水廊道+岔管贴壁排水	
11	管口平面度	钢管内径 $D \leqslant 5.0$m，极限偏差 2.0mm； 钢管内径 $D>5.0$m，极限偏差 3.0mm	
12	钢管实测与设计周长差	任意板厚，±3D/1000，且极限偏差±20mm	
13	圆度	≤3D/1000，且不大于 20mm	
14	分岔角	±30′	
15	焊缝无损探伤	采用射线探伤，碳素钢与低合金钢一、二类焊缝无损探伤抽查率分别不应低于 25%和 10%，高强钢不应低于 40%和 20%；采用超声波探伤，碳素钢与低合金钢一、二类焊缝无损探伤抽查率分别不应低于 100%和 50%，高强钢则均不应低于 100%	

续表

序号	名称	结构型式或性能指标	备注
16	水压试验	钢岔管应按 NB/T 35056 的要求进行水压试验。水压试验压力取正常运行情况最高内水压力设计值（含水锤）的1.25倍，且不小于特殊运行情况最高内水压力设计值。考虑围岩分担内水压力的岔管，水压试验的压力应根据地下埋藏式岔管体型、试验条件以及水压试验工况抗力限值计算确定。水压试验应分级加载，缓慢增加，各级稳压时间及最大试验压力下的保压时间，不应短于30min，加、减压速度以不大于0.05MPa/min为宜。岔管水压试验宜进行两个完整的压力循环过程	
17	预热及后热	钢管施焊的预热要求，应符合 DL/T 5017 的相关规定	
18	消应处理	有下列情况之一者，应进行消除应力处理： 1）结构厚度超过下列数值：Q245R 为 42mm，Q355、Q355R 为 38mm，Q390、Q370R、Q420R 为 36mm。 2）冷加工成型管节钢板厚度 t 超过下列范围：Q355$t \geqslant D/33$，Q390$t \geqslant D/40$。 3）岔管等形状特殊的构件。 4）采用其他钢种，消除应力的要求应做专门研究	